U0003116

Becoming a
Technical
Leader an Organic Problem-Solving Approach

# 領導者，<br>該想什麼？

Gerald
M. Weinberg

運用MOI（動機、組織、創新），<br>成為真正解決問題的領導者。

著──傑拉爾德·溫伯格

譯──李田樹、褚耐安

Becoming a Technical Leader by Gerald M. Weinberg (ISBN: 0-932633-02-1)
Original edition copyright © 1986 by Gerald M. Weinberg
Chinese (complex character only) translation copyright © 2006 by EcoTrend Publications,
a division of Cité Publishing Ltd.
Published by arrangement with Dorset House Publishing Co., Inc. (www.dorsethouse.com)
through the Chinese Connection Agency, a division of the Yao Enterprises, LLC.
ALL RIGHTS RESERVED

經營管理 69

# 領導者，該想什麼？

運用MOI（動機、組織、創新），成為真正解決問題的領導者
（紀念新版）

| | |
|---|---|
| 作　　　者 | 傑拉爾德‧溫伯格（Gerald M. Weinberg） |
| 譯　　　者 | 李田樹、褚耐安 |
| 責 任 編 輯 | 林博華 |
| 行 銷 業 務 | 劉順眾、顏宏紋、李君宜 |

| | |
|---|---|
| 總　編　輯 | 林博華 |
| 發　行　人 | 涂玉雲 |
| 出　　　版 | 經濟新潮社 |
| | 104台北市中山區民生東路二段141號5樓 |
| | 電話：(02) 2500-7696　傳真：(02) 2500-1955 |
| | 經濟新潮社部落格：http://ecocite.pixnet.net |
| 發　　　行 | 英屬蓋曼群島商家庭傳媒股份有限公司城邦分公司 |
| | 104台北市中山區民生東路二段141號11樓 |
| | 客服服務專線：02-25007718；25007719 |
| | 24小時傳真專線：02-25001990；25001991 |
| | 服務時間：週一至週五上午09:30~12:00；下午13:30~17:00 |
| | 劃撥帳號：19863813　戶名：書虫股份有限公司 |
| | 讀者服務信箱：service@readingclub.com.tw |
| 香港發行所 | 城邦（香港）出版集團有限公司 |
| | 香港灣仔駱克道193號東超商業中心1樓 |
| | 電話：(852) 25086231　傳真：(852) 25789337 |
| | E-mail: hkcite@biznetvigator.com |
| 馬新發行所 | 城邦（馬新）出版集團 Cite (M) Sdn Bhd |
| | 41, Jalan Radin Anum, Bandar Baru Sri Petaling, |
| | 57000 Kuala Lumpur, Malaysia. |
| | 電話：(603) 90578822　傳真：(603) 90576622 |
| | E-mail: cite@cite.com.my |
| 印　　　刷 | 一展彩色製版有限公司 |
| 初 版 一 刷 | 2006年4月1日 |
| 三 版 一 刷 | 2020年8月11日 |

**城邦讀書花園**
www.cite.com.tw

ISBN：978-986-99162-2-6　　　　　　　　　版權所有‧翻印必究

定價：450元　　　　　　　　　　　　　　　Printed in Taiwan

〈出版緣起〉

# 我們在商業性、全球化的世界中生活

經濟新潮社編輯部

　　跨入二十一世紀，放眼這個世界，不能不感到這是「全球化」及「商業力量無遠弗屆」的時代。隨著資訊科技的進步、網路的普及，我們可以輕鬆地和認識或不認識的朋友交流；同時，企業巨人在我們日常生活中所扮演的角色，也是日益重要，甚至不可或缺。

　　在這樣的背景下，我們可以說，無論是企業或個人，都面臨了巨大的挑戰與無限的機會。

　　本著「以人為本位，在商業性、全球化的世界中生活」為宗旨，我們成立了「經濟新潮社」，以探索未來的經營管理、經濟趨勢、投資理財為目標，使讀者能更快掌握時代的脈動，抓住最新的趨勢，並在全球化的世界裏，過更人性的生活。

　　之所以選擇「**經營管理—經濟趨勢—投資理財**」為主要目標，其實包含了我們的關注：「經營管理」是企業體（或非營利組織）的成長與永續之道；「投資理財」是個人的安身之道；而「經濟趨勢」則是會影響這兩者的變數。綜合來看，可

以涵蓋我們所關注的「個人生活」和「組織生活」這兩個面向。

這也可以說明我們命名為「經濟新潮」的緣由——因為經濟狀況變化萬千，最終還是群眾心理的反映，離不開「人」的因素；這也是我們「以人為本位」的初衷。

手機廣告裏有一句名言：「科技始終來自人性。」我們倒期待「商業始終來自人性」，並努力在往後的編輯與出版過程中實踐。

# 目錄
## Contents

## 第一篇　定義

### 1　到底領導是什麼？　27

不情願當的領導者／面對領導課題／有瑕疵的傳統領導觀念／比較一下這世界上不同的模型／有機模型對領導的定義／自我檢核表

### 2　領導風格模型　43

動機／點子／組織／MOI領導模型／技術領導者的角色／相信有更好的方法／自我檢核表

### 3　問題解決風格　55

瞭解問題／管理點子的流通／品質控制／自我檢核表

## 第二篇　創新

# 領導的學習

國立政治大學科技管理與智慧財產研究所

溫肇東　教授

　　以前的時候，政大EMBA的新生在放榜之後，要先上一門「領導與團隊」的課。230人一起參與這個三天兩夜緊湊又刺激的訓練營，對其向心力與重新學習的動機有很大的影響。不同於大學剛畢業的MBA，EMBA們在職場上已有許多領導與決策成功或失敗的經驗。在營隊期間，他們透過實際領導、主持、分享、組織團隊、參與競標與合作等功課，有很多機會從其他同學身上得到「領導」的意會（sense making）與自我省思（reflection）。

　　有一年暑假到哈佛參加「個案寫作營」，深刻瞭解到哈佛自詡為訓練「未來領導人」的商學教育。哈佛認為領導人在MBA課程中該學的不只是知識，還包括各種技能（包括領導、溝通與表達），以及態度（在資訊不足及不確定狀態中做決策、承擔責任等），個案教學遂成為一個完成這項使命的最佳工具。有別於台灣很多個案教學，要求小組上台報告，在哈

佛雖也強調小組討論，但到課堂上的應答都是以個人為對象，且要很清楚地說明決策背後的邏輯。哈佛 MBA 兩年內討論 500 到 600 件個案，站在領導者的角度進行決策的練習，因這樣的期許與訓練，哈佛 MBA 後來成為領導者，成為引領風潮，改變世界的人很多，而奠定了在商學院的領導地位。

「領導」是一個社會成長與進步很重要的關鍵，但領導不是傳統的授課方式可以教得出來的，也不是看幾本書就可以學會的，不管是政大 EMBA 或哈佛的經驗都告訴我們，學習領導的情境（context）比內容（content）本身重要。

雖然本書是二十年前寫的，但從亞馬遜網路書店中仍發現不斷有讀者的評論，可知這是一本至今仍有許多人在閱讀的長銷書。今天在台灣翻譯出版的意義，主要是他在書中的許多故事歷久彌新，這些個案很多是作者的親身工作體驗，或主持領導研習營的心得。他雖然是技術人員出身，但他對人、對組織、對溝通、對動機、對人如何思考更有興趣，因此他切入討論領導者的角度是「創新、動機與組織」。在二十年前就把「創新」視為領導者的特質是很正確的看法，因為一個墨守成規的人是不可能成為領導者的。在動機方面他強調是激勵，組織講的是團隊，而最後一篇談的是「轉變」，整個架構和目前流行的轉型領導（Transformation leadership）不謀而合。

除了善用故事外，他在實務上也對學員做過很多測試，其中有一部分成為本書每章最後的「自我檢核表」。這些問題非常實用，不只是對一個想成為領導者的人有用，對一般想持續自我成長的人，用來自我反省與檢驗也很有益。

本書作者溫伯格是一個很愛思考的人，他在一九五○～一

九六〇年服務於IBM即是最優秀的程式設計師，做過系統設計師，後來成為諮詢顧問及專欄作家，在軟體領域有傑出貢獻，他寫過30多本暢銷書，包括《程式設計的心理學（25週年紀念版）》、《系統化思考入門（25週年紀念版）》、《溫伯格的軟體管理學》、《你想通了嗎？》、《顧問成功的祕密》等，可知道他的興趣廣泛，涉獵範圍也超越原先軟體技術的領域，對於人是如何思考、人們如何成為領導者皆有很細膩的觀察與研究，而且也實際指導過很多人成為領導者。

台灣目前缺乏好的領導人，世界科技變動得很快，全球市場開放，供應鏈跨越國界，在政府，在產業，在民間都需要能正確思考的領導人。就像前面所說，人們不會因為看了一本書就成為一個領導人，但因作者指出領導者最重要的思考架構與技能，舉的例子深入淺出，非常生活化，並且提供了檢核表，讓你的收穫不只是讀一本書而已，而是透過不斷地自省與意會，在和作者的對話中獲得成長，自我修練領導的境界。

# 一隻龜疊著一隻龜，
# 一路疊下去

　　傑瑞‧溫伯格（傑瑞是傑拉爾德的暱稱）曾告訴我們一個故事，講的是一名天文學家接受某園藝俱樂部之邀發表一場演說。天文學家以「大爆炸」（big bang）理論，解釋宇宙是如何生成的。演說完畢，坐在後排的一位女士發言道：「年輕人，你說得不對。事實上，這個世界是由一隻巨龜用牠的背部馱住的。」

　　已經有一點習於面對不尋常理論的天文學家，用平靜的語氣問道：「那隻烏龜靠在什麼東西上面呢？」那位女士用同樣平靜的語氣答道：「當然是靠在另一隻烏龜上面。」天文學家認為這一次可抓到她的語病了：「懇請告訴我，這隻烏龜靠在什麼東西上面？」女士安詳地微笑，用充滿自信的語氣說道：「哦，你別來這套了，當然是一隻龜疊著一隻龜，一路疊下去呀！」

　　傑瑞‧溫伯格所寫的書，和上面這個故事大致上是同一回事：一隻龜疊著一隻龜，一路疊下去。讀者頭一次閱讀他的書，通常很難抓住其中的意思，因為書中各章和他所談的趣聞軼事一樣，可能包含多重含意。但多讀幾次，我禁不住會靜下

心來思考，想想傑瑞剛才說了些什麼，想想我認為傑瑞剛才說了些什麼，想想我剛才在想什麼……你知道我的意思了吧！因此，我要先警告各位讀者：傑瑞寫書的方式，常會使人們一再地思考。

從某個層次來說，《領導者，該想什麼？》乃是一本巨細靡遺的指南，一步一步教導讀者如何變成技術領導者。從更高一個層次來看，它又是一本寓言書，裡面有各種一針見血的比喻，例如，傑瑞用彈珠台、電毯等比喻，闡釋管理藝術的精髓。從另一個層次來看，它更是一本探討技術性專案的管理原理及心理學的論述。

對於這本書，我有喜歡它的理由，也有不喜歡它的理由。我不喜歡它的第一個理由是，這本書篇幅太長了。傑瑞在各章節中放入太多觀念，太多可供人們深思的東西了，以至於當我被要求快快閱讀一遍，以交出一篇能啟發人心的推薦序時，我根本無力做到。我不喜歡這本書的第二個理由是，它的篇幅太短了。當你正在想，傑瑞將告訴你該如何解決這個世界面臨的一些大問題時，你已經把這本書讀完了。而且你發現，傑瑞真正給你的建議，全是你該為你自己做的事。

現在回想起來，我當初被書名誤導了（原書名為：Becoming a Technical Leader）。我想，讀者當然可以說，這是一本談如何變成技術領導者的書。實際上，這本書所探討的，和傑瑞之前出版所有書籍所探討的主題是相同的：探討一個人是如何思考的，以及，一個人在思考時，這個人是如何思考自己正在思考什麼。藉由一隻龜疊一隻龜的故事，傑瑞讓我們知道，人們常採用的顯而易見的解決方法，往往不能真正解決與

人員管理及團隊合作有關的問題。因此，他提供我們一個簡單易懂，但與以往截然不同的新方法，讓我們試著從新角度看事情，重新認識我們自以為已瞭解的事物。

我們何其有幸，因為傑瑞立下了終身職志，決心解開技術與管理之間糾纏不清的結，尤其是這兩者在現代組織中所形成的奇特的混合體。他所說的每一句話，都深深感動人。一次又一次，閱讀他的文章，讓我既感興奮，又覺得很難為情。

最後一點，除非撰寫推薦序的人具體說出這本書適合哪幾類讀者閱讀，不然這還稱不上是一篇完整的、夠分量的推薦序。對於這一點，我有一些想法。我的結論是，我衷心地想要推薦給以下這些人：（A）管理者，（B）被管理者，以及（C）在A或B這兩類人的周遭生活，或認識A或B這兩類人的人。如果因著命運的安排，讓你歸屬於A、B或C類，這本書將是你的必修學分。


一九八六年六月　　　　　　　　　　　肯・歐爾（Ken Orr）

托比卡市，堪薩斯州　　　　　　　　　肯歐爾顧問公司總裁

# 前言
## Preface

　　班禪上市場買東西，無意間聽到一名肉販和顧客的一段對話。

　　顧客道：「把最上等的一塊肉拿給我。」

　　肉販答道：「我鋪子裡擺的全是上等肉品，你在我這裡找不到一塊不是品質最好的肉。」

　　聽到這樣的回答，班禪立即有所頓悟。

──保羅・李普士（Paul Reps）

*Everything Is Best*

*Zen Flesh, Zen Bones*

這是一本啟發人類智慧的著作，對象包括你我在內。到今天，我仍然未被完全啟發，而且我在被啟發過程所花的時間，遠超過去一次市場買東西的時間。以這本書來說，從有了靈感、開始撰寫，一直到付梓，前後至少花了十五年時間。

這件事要從一九七〇年說起，那一年的夏天，唐納德・高斯（Donald Gause）、內人丹妮（Dani Weinberg）和我一同赴瑞士度假。當時，唐納德和我正著手撰寫一本有關如何解決問題的書，書名為《你想通了嗎？》（*Are Your Lights On?*），丹妮則在瑞士農村地區繼續從事她的人類學研究。唐納德和我以如何解決問題為主題，包括成功與失敗的案例，尤其是與軟體專案有關的問題，持續進行研究已有很多年了。丹妮則以人們藉由何種方法，將新技術引進農村地區為題進行研究。交換了彼此的研究心得後，我們夢想成立一間工作坊，透過它介紹世人使用一種能發揮最大潛在效果的工具，好幫助他們成功引進所需的新技術系統。然而，這個工具在哪裡呢？

對照成功與失敗的案例，我們很快就發現，幾乎所有成功案例都有一個共同點：少數專業技術工作者的傑出表現，乃是組織獲致成功的關鍵。具體言之，某些人能夠源源不斷地從技術面提出創新點子，某些人則擅長將他人提出的天馬行空的想法，化為有實用價值的商品構想。有些人是發明者，有些人是協商者，有些人是好老師，有些人是團隊領導者。和表現平平的同僚相較，他們之所以如此與眾不同，乃是他們極為罕見地具備了結合專業技術能力與領導技能的特色。今天，我們會這樣說，這些人不僅創新能力強，也能藉由優異的激勵及組織技能，有效將創新構想化為實際。

　　這些表現優秀的領導者，既非理工學院培養出來的純技術人員，亦非出身於一般商學院的傳統領導者。他們是另一種人，是混種。此類人的共同點是，他們最關切構想的品質。就像那名肉販一樣，他們希望鋪子裡擺的全是上等肉品。我們稱這種人為技術領導者❶（technical leaders）。

　　唐納德、丹妮和我共同設計了一個新的領導技巧研習營，稱為「電腦程式設計技術領導技巧研習營」（Technical Leadership in Computer Programming）。應丹尼斯‧大衛（Dennis Davie）之邀，我們在澳洲舉辦首場研習營。十五名學員當中，有十四人將參與那次研習營的過程評為「個人參與過最有深度的一次研習經驗」。我們想，我們已找到著力點了。

　　接下來幾年內，丹尼爾‧佛利曼（Daniel Freedman）及其他一些人陸續加入我們的團隊。我們在世界各地舉辦了多場研習營，向數百名準技術領導者傳授相關技能。其中少數是電子工程師及機械工程師的背景，還有一些教育訓練人員。這些職場新手一致認為，除了部分技術性教材外，研習課程對實際執行工作非常有幫助。準此，我們決定不用技術性資訊作教材，並放寬受訓者參訓資格。我們也擴大了對未來可能達成境界的想像空間。

　　理由之一是，我們發現這種技術領導風格，實可用於解決許多與技術毫不相干的問題。從研習營結訓的一些學員告訴我

---

❶ **編註**：凡在專業技術領域中，因其傑出的技術才能表現，被指派為領導者的人，作者稱這些人為「技術領導者」。這類人通常有豐富的專業知識背景，亦擁有優異的領導能力。

們說，他們可將所學應用於技術性工作，也可應用於和技術無關的其他情境。

　　這些人已從普通的技術管理者，成功轉型為可以解決問題，從而開創新局的領導者。他們多半不自覺自己是如何轉型成功的。這似乎意味著，一如班禪的頓悟，這些人明明記得，前一天自己還是管理者，隔天卻變成了領導者。如果一個人是經由一種神祕的啟發過程，突然之間就學會領導技能的話，那麼這人是如何學習成為一個技術領導者的呢？

　　這些年來，我們舉辦了多次領導技能研習營。從經驗中我們得知，不是看一個人遭遇了什麼事，而是看這人做了什麼事，才能決定這個人能否成為領導者。在研習營上課期間，某位學員突然有所領悟，這是常見的事。然而，一如那名肉販促使班禪有所頓悟，從此改變了班禪的一生；我們所能做的，也僅止於此。研習營無法教會一個人變成領導者，研習營的主要目的，是要刺激一個人開發其自我潛能。這本書也採用同樣的方法：請讀者好好研讀它，就像去參加一場培養個人領導技能的研習營一樣。

　　經歷過各種體制，我非常清楚：改變永遠是一個有組織的（organic）過程，一個人不可能一次只改變一件事。我現在之所以會做某些行為，是因為我曾經歷過某些事，想出某種解決方法。為了學習新事物，我會依據值得繼續維持的舊行為，決定增加何種新行為。但，就像一顆種子一樣，我已擁有能讓我成長的一切行為，我只需謹慎挑選其中好的行為，好好灌溉它們。

　　我相信，領導技能的養成實為一培育能力的過程，其目的

並不是要控制他人的生活。因此，我期望藉由本書，能指點讀者一條明路，學習如何去開發自我潛能。和研習營一樣，本書採用有組織的方法，目的是要透過溫和的、合理的及有趣的方式，讓本書內容恰好適用於你所擁有的獨特系統──就是你自己。

儘管如此，改變的過程不會讓當事人一直覺得很有趣。因為通常來說，變革並非易事，因此我也期望本書能提供讀者精神支持。我會在書中介紹一些領導技能模型，幫助你拋棄過去對領導技能的錯誤認知，從而排除推動變革的障礙。我也會介紹一些變革模型，好讓讀者瞭解舊觀念式微會產生何種結果。我還會舉一些實例，讓讀者知道，某些人對於自己變成技術領導者有何心得。我曉得你會從本書得到屬於你自己的啟發，我希望你喜歡這本書，並讓它伴著你上市場買東西。

一九八六年四月        傑拉爾德・溫伯格

林肯市，內布拉斯加州

人們對領導這個課題很熟悉,對它的瞭解卻很有限。如果人們對領導不那麼熟悉,就不會對它產生這麼多迷思了。如果對它更瞭解一點,在觀念上就不會有那麼多誤解了。前五章的主要目的,就是要釐清一些常見的迷思與誤解。

前五章還要建構一些模型。這些模型有助於讀者瞭解,倘若他們想要成為技術領導者,自己該做哪些事。具體言之,本篇包括探討一般的領導模型,也有深入探討可展現技術領導者特色的一套領導模型,甚至探討人們成為技術領導者的過程。本書其餘章節內容,將以本篇介紹的模型為基礎。

最後,本篇將闢一專章(第5章),討論我們最常聽到人們說,他們為何不能,或不會成為技術領導者的理由。知道這些理由後,我們將一一克服困難,幫助有心人成為技術領導者。

# 1 到底領導是什麼？

What Is Leadership, Anyway?

悠兮，其貴言。功成事遂，百姓皆謂：「我自然」❶。

——老子《道德經》

---

❶ **編註：** 此句出自老子《道德經》十七章〈太上，不知有之〉，意謂：道是天地的公道。學道並無任何祕訣，只要你程度夠，虛心向學，則定能得道。

領導就像性一樣。面對這類話題，許多人都不願意去談，但它總能引起人們高度的興趣與感覺。如果讀者自覺無法掌握領導的精髓，本書恰能滿足此一需求。

我們常聽人勸說應好好享受性，但，如果性生活不協調，我們該向什麼人求助呢？如果你發現領導是一件麻煩事，常讓自己陷入困境，有時甚至覺得很痛苦，你不是唯一有這種感受的人，雖然領導可能就是那麼一回事。當你鼓起勇氣對人坦誠相告，你將會得到共鳴、幫助及同情。

外表看起來很性感的人，實際上可能對性的挫折感最深。外表看起來很有領導架式的人，可能也有類似的遭遇。他們自認為是天生的領袖，不需要實地練習，當然更不需要從書籍中汲取知識，即可扮演好領導者的角色。如果你對自己身為領導者的表現不甚滿意，這本書就是你的希望。它讓你知道，其實領導不是那樣的。

## 不情願當的領導者

根據佛洛依德（Freud）的說法，在孩提時期，一個人對於性的偏見就形成了。我認為，我們對於領導的感覺也是如此。每次當你看到某甲告訴某乙說，這件事該如何做時，如果你總覺得那樣子似乎不太對勁的話，你和我恰好有同樣的經驗。

上小學時，我是一個聰明伶俐的小孩。在師長眼中，我是個品學兼優的學生，但在同學眼中，我卻是一個卑鄙小人。每當有老師選我當領袖，運氣好的話，下了課，同學會痛毆我一

頓，運氣不好的話，他們根本不讓我和他們一起玩耍。有了這樣的經歷，讓很小年紀的我就體會到當領導者的危險。

儘管學校教育告訴我說，每一個好公民都應該負起領導責任，校園生活卻是一個痛苦經歷，讓我害怕擔任任何領導者的角色。我學會盡可能推卻成為領導者的機會。如果師長指名我非做不可，我總會用堅定的態度抗拒。面對領導的問題，我常假裝它是不存在的。為保證我永遠不會涉及到需要運用領導技能的場合，我選擇電腦軟體作為我的職業。

事情發展非如我所願。每當我在所負責的技術性工作上有出色的表現時，同事就知道要對我更加尊敬。因為他們尊敬我，自然而然的，他們開始向我尋求幫助，或請我提供諮詢意見，或指點他們方向，似乎把我當成他們的領導者。如果我夠聰明的話，我會把自己孤立起來，拒絕提供或接收資訊。但我很天真，更何況，我喜歡人家來向我請教問題。

有時，同事會要求我開班授課——這是一種領導形式。公司指派我擔任技術審議委員會的一員——這又是一種領導形式。公司會指派我擔任專案團隊主持人，接著是規模更大的專案團隊主持人。我希望讓公司以外的人也能分享我的研究心得，因此我開始撰寫論文，出版書籍。這些都是更多的領導。每次當我知道，我是在做領導的事時，我會顯出退縮的態度，有時我的反應會很極端。

沒有人勉強我當領導者，是我自己陷入這樣一個矛盾的情境。我越努力不讓自己變成領導者，反而越為自己設定未來的方向，越讓自己變得更像領導者。畢竟，領導者不都是因為不滿意他人為他們安排人生方向，而決定自己來嗎？

我一直在此一矛盾情境中掙扎著，盡量逃避任何需負起領導責任的場合，如此持續了好幾年。我逃避領導，就像逃避性衝動一樣，假裝它不存在。領導確實是存在的，但我一直未決定從何種方向切入，以應付領導課題。有時，領導方向讓人捉摸不定，但大多數時候，我很容易就變成他人操弄下的犧牲品。到最後，不管覺得有多麼難堪，我仍然必須面對領導課題。

## 面對領導課題

我用一種很奇特的方法應付難題。每當我想要學習某種新事物時，我會以此為主題，自己開班授課。教了一陣子，等真正學到一些東西，我就開始來寫一本書。

辦了二十年的領導技能研習營，我認為我已學到足夠東西，可以讓我出一本書。我還有很多找不到解答的問題，儘管如此，我想我並不孤單。這個世界上還有很多人，因為答不出人們提出關於領導的問題，如同犯人一樣接受酷刑：

- 領導者真的那麼愚蠢嗎？有時他們的確給人那種印象嗎？
- 我能成為領導者，但不要像一般領導者那樣嗎？
- 我能一面當領導者，一面繼續提升我的技術能力嗎？
- 一個毫無技術背景的人，有可能在技術界成為領導者嗎？
- 一旦成為領導者，我必須犧牲多少技術專業能力？
- 我能得到多少回報？
- 如果我是領導者，我需要擺出上司架式，對屬下頤指氣使

嗎？

- 我能藉由讀書習得領導技能嗎？
- 我還可以從何處學習成為領導者呢？
- 為何人們視我為領導者，而我卻不認為自己是領導者呢？
- 為何我自認為很能幹，人們卻不把我當成領導者呢？
- 倘若我不想承擔領導責任又如何？
- 到底什麼是領導？

這些都是難以回答的問題。或許最後一個問題最難回答
──到底什麼是領導？

## 有瑕疵的傳統領導觀念

心理學家及企管學者建立了數十種領導模型，他們在敘述
這些領導模型時，通常伴隨著以下的說明文字：

人們通常可經由兩種主要方法，以確認一個團體裡的領導
者：

1. 請該團體成員找出，他們認為對指揮團體行進方向最有影
   響力的人。
2. 請旁觀者指認最有影響力的成員，或記錄團體成員做出有
   效影響力行動（influence acts）的頻率。

儘管這樣做似乎符合科學原則，但這些模型卻以團體成員
或旁觀者的「意見」，乃至於他們對「有效影響力行動」的觀
察能力為基礎。經過這麼多年，我發現這種方法事實上是有瑕

疵的。

　　我舉一個實例來說明。最近，一家公司請我幫助該公司一個電腦程式設計小組，看看能否改善該小組的問題解決技術。該小組負責開發的某個軟體產品，因為出了一個不易為人察覺的小毛病，害得該公司每天蒙受數以千計美元的損失。除非程式設計人員找出毛病來，否則該產品根本毫無價值。為了協助該小組解決問題，我用錄影機錄下小組成員費盡力氣找出問題的過程。

　　經過一個小時的觀察，由四名程式設計師所構成的這個團體，其「有效影響力行動」可列表如下：

| 成員 | 有效影響力行動 |
| --- | --- |
| 阿尼 | 112 |
| 菲立司 | 52 |
| 韋伯 | 23 |
| 瑪莎 | 0 |

　　瑪莎的行動很容易記錄。整整一個小時，她像殭屍一樣坐著，讀著那個有瑕疵的程式的報表。她不發一語，沒有做任何手勢，甚至連微笑也沒有，連眉頭也不皺一下。毫無疑問的，她對這個團體沒有任何影響力。

　　花了一個小時施展許多所謂的有效影響力行動後，小組其他成員對於提出解決問題的方法毫無進展，仍在原地踏步。突然，原本埋首閱讀電腦報表內容的瑪莎抬起頭來，用手指著報

表裡一行數字，輕聲細語地說道：「這裡應該是87AB0023，而不是87AB0022。」聽完瑪莎的話，阿尼、菲立司及韋伯繼續進行他們未完的熱烈討論。十分鐘後，他們發現瑪莎才是正確的，於是中止了討論。

當我問該小組成員，誰是最有影響力的人時，他們異口同聲地說：「阿尼。」之後，我播放錄影帶給他們看，特別提醒他們是經由何種方法解決問題的。看完錄影帶，阿尼、菲立司及韋伯將答案改為「瑪莎」。為什麼呢？因為從解決問題的角度來看，有效影響力行動的統計應如下表：

| 成員 | 有效影響力行動 |
| --- | --- |
| 阿尼 | 0 |
| 菲立司 | 0 |
| 韋伯 | 0 |
| 瑪莎 | 1 |

若無瑪莎的貢獻，小組討論將毫無進展。然而，一個沒有電腦程式設計背景的心理學家，可能會完全忽略瑪莎的角色。當這類心理學家受邀觀察我們的領導技能研習營時，一再被學員為處理技術性問題所使用的方法所迷惑。這些心理學家似乎是從另一個星球觀察人類行為。從外表觀察，他們的文化及語言，看起來及聽起來都很像我們的文化及語言，實際上卻完全不同。

## 比較一下這世界上不同的模型

為辨別某個團體使用何種領導方式，你必須想辦法使用某個能掌握該團體文化精髓的模型。舉例來說，假如心理學家使用的「問題解決」模型太簡單，也就是說不容易瞭解在技術環境下，該團體到底使用何種領導技能。曾有人說過，心理學領域有一個堅定不移的信念：每一個問題只能有一個正確解答。心理學家都知道這一點。凡相信這種簡單模型的心理學家，當然很難界定在真實世界情境中運作的領導技能。譬如說，這類心理學家絕不會認定瑪莎是領導者。

有太多模型試圖幫助我們認識人類生活在這個世界上的行為表現。單單心理學一個領域，即有數十種主要模型及數百個衍生模型。社會學家的模型不同於心理學家的模型，不同於人類學家的模型，不同於經濟學家的模型，甚至不同於企業主管的模型，不同於大樓管理員的模型。為什麼會有這麼多的模型呢？因為每一種模型都有其用途，但僅限於特定用途。然而當我們試著將某個不相稱的模型應用於眼前情境時，問題就來了。

本書將建構數種模型，試圖透過它們幫助讀者瞭解，有時被我們稱之為「領導」的這個難以捉摸的現象。想要成為有效領導者，你必須熟悉許多模型，好因應情境需要，隨時變換運用，讓模型與情境作最適切的搭配。我偏好的模型，大多數可稱之為有機模型（organic model），以有別於線性模型（linear model）。但也有一些場合較適合使用線性模型。

我們可從數個角度來說明有機模型與線性模型的區別：對

特定事件的解釋、對人的定義、對關係的定義，以及面對改變的態度。以下即從這四個角度，逐一比較有機模型與線性模型的差異，從而瞭解這兩種模型如何影響人們對領導的定義。

## 對特定事件的解釋

之所以被稱為線性模型，是因為線性模型乃假設不同事件之間存在著線性關係，亦即所謂的因果關係：某事件為因，導致果，即另一事件的發生。有機模型的特色則為「系統思考」：有機模型認為，甲事件的發生，是由數百個因素運作所產生的，包括時間推移。

線性模型的優點在於，這種模型通常區分出數量有限的事件，並賦予各事件單一的因，很容易讓人瞭解不同事件之間的關係。其缺點為，倘若事件較複雜，尤指最主要事件很不幸地涉及人的因素時，此類情境即非線性模型所能掌握了。

威脅利誘模型（threat/reward model），即為典型的線性模型加入了道德因素的例子。威脅利誘模型告訴我們，碰到任何情境只有一個正確答案。凡不能分辨是非的人，不是笨蛋，就是壞人。在運用此一模型時，我們遇到特定事件，但不能馬上瞭解它所代表的意義，我們會覺得自己很愚蠢，或覺得不好意思。

反之，面對不十分瞭解的複雜情境時，有了有機模型，我們就可以不必像以前那樣感到苦惱。在運用有機模型時，我們心中有數十種可能的解釋可供選擇，而同時出現許多種不同解釋是很常見的。等到我們取得足夠資訊，即可做正確的選擇。

有機模型有一個缺點：我們可能不採取任何作為。而有效

領導者通常必須有所作為，即便他們不瞭解所有可能的因素。
為能善用有機模型，領導者必須忍受它偶爾會犯錯的代價。

## 對人的定義

線性模型常把相關人等分門別類。有機模型則從人的獨特
性，亦即人的共同點加上差異，賦予人某種定義。

有了線性模型，我們可以又快又有效率地把人分門別類，
這是它好用的地方。我們早上去餐廳點一杯咖啡，可以無需理
會服務我們的那名侍應生，他的人格是否完全成熟。

有機模型好用的地方在於，它透過不同於傳統的方式，允
許不同人在複雜情境中找到可讓大家攜手合作的共同基礎。相
信有機模型的人，常能在他人身上找到和自己相似的要素。例
如，他們都有相同的生命力、相同的精神寄託，以及，在他們
獨特的性格中，彼此都存在著相同的關係。他們不會用特定標
準衡量人，因此，他們不會塑造出某種理想形象，看看人們是
否符合其理想。在這種人的眼中，領導者有一個重要任務：幫
助人們試著聽從來自內心深處的聲音。

當人們用線性模型去定義一個人「應該」是什麼的時候，
線性模型就沒有那麼好用了。如果一個人的想法、感覺或作
為，和線性模型定義的理想有所不同，我們會嘗試將此人降一
等或升一等，硬把此人歸為某一類。以威脅利誘模型為例，根
據此一線性模型的假設，一個人會採取何種行動，完全視此人
面對的利誘或威脅而定。當我們的心裡只有威脅利誘模型時，
我們會認為領導者的工作就是施予威脅利誘。

如果我們滿腦子充斥著威脅利誘模型的觀念，就不會重視

一個人的自我價值，也不會重視對他人的價值。我們常對自己，也對他人發出這樣的訊息：「我還不夠努力，」「我說太多話了，」「我太胖了，」及「我無法讓他人照我的意思做事。」雖然我們可能不會承認，但類似這樣的訊息，常讓人有挫折感、憤怒，覺得自己無用。

## 對關係的定義

線性模型傾向於從角色、而非從人的角度定義人與人的關係：例如針對上司，而非行使影響力的人。有機模型則傾向於從特定的人與另一特定人的關係，定義人與人的關係。

線性模型好用的地方在於，它可以幫助人們規劃大規模的作業，因為你不可能考慮所有參與者彼此之間的關係。但應用於一對一的關係時，線性模型的實用價值即大大降低，因為要瞭解兩人的互動，這兩者的人格特質實為不可或缺的考慮因素。

堅信威脅利誘模型的人，通常認定權力是跟著角色，而非跟著關係走的。因此，他們最喜歡用頭銜來定義關係。情況變壞時，他們或展現更多「威權」或屈服於他人威權之下。大體而言，這種權力觀點有其可取之處，但應用到一對一的關係時，此種觀點就不正確了。談到愛、教導或領導，你很難一直把人視為上下階級對立的關係。如果真的這麼想，我們會對他人產生懼怕、憤怒、侵犯、罪惡與忌妒等感覺。

很明顯的，有機模型最有用之處，是應用於一對一的情境。有機模型乃假設，不管兩人在現實生活中扮演何種角色，從生命意義的角度來看，他們是平等的。有機模型可引導人們

尋求對所有人都有利的解決方案。當我們持這種態度對待他人時，發現新事物最能讓我們快樂，這也是我們最常有的感情。但有時，我們可能會被這種快樂沖昏了頭，而忘記去完成該完成的工作。

## 對改變的態度

在檢視改變過程時，我們發現線性模型與有機模型形成強烈的對比。線性模型把改變視為一種井然有序的過程，參與者一次只做一件事。有機模型則奠基於系統思考的觀念：「一次只做一件事，改變是不可能成功的。」處於相對穩定的情境，使用線性模型效果最為顯著，然而當情況開始改變時，繼續使用線性模型就會給自己帶來麻煩。

具體言之，當我們遇到某種改變，而該改變無法套用到我們所使用的線性模型時，我們常會想辦法不讓該改變發生，這就是典型的麻煩事。面對這樣的改變，我們可能會覺得不知所措且非常無助。和一般人一樣，採用有機模型的人也需要安全感，但他們乃是藉由冒風險及忍受模稜兩可，讓自己覺得更安全。

受到威脅利誘模型的影響，我們可能會嘗試讓所有的人永遠維持不變，讓現有的關係永遠維持不變，從而維繫我們的安全感。如果環境真的需要改變，我們通常會將矛頭指向其他人。而且，我們通常藉由「除掉」他們的「不當」行為讓他們改變。

有機模型預期改變會發生，也接受這個事實，因為改變是宇宙正常運轉的部分過程。某些有機模型的觀念更進一步，它

們甚至鼓勵人們張開雙手歡迎改變，認為那是領人進入未知領域及成長的機會。它們相信，一如種子必須種在土裡，才能發芽成長，綻放美麗的花朵，成長也是很自然的過程，可讓人們發揮奇妙的潛能。

## 有機模型對領導的定義

以上內容，僅僅是用非常粗略的敘述，對線性模型與有機模型的差異作一比較。往後逐一介紹各章內容時，讀者將能更深入瞭解這兩種模型的不同之處。很明顯的，不同情境有不同的需要，沒有人一律使用其中一種模型。而這也是人們難以為領導下一精確定義的原因之一。

線性模型與有機模型對於構成領導的要素乃持不同的觀點。最極端的案例為，領導威脅利誘模型告訴我們，最能代表該模型精髓的兩個關鍵字彙是「力量」（force）及「判斷」（judge），而「選擇」（choose）及「發現」（discover）則為種子模型（seed model）的關鍵字彙。在種子模型中：

**領導是一種環境塑造過程，在此一新環境中，人們覺得自己獲得充分授權。**

舉例來說，在瑪莎提出她的觀察所得之前，阿尼、菲立司及韋伯運用他們的問題解決技術，投入一段時間，卻一無所獲。等到瑪莎提出她的觀察所得，環境改變了，原來的技術又變得很好用了。

但阿尼、菲立司及韋伯也在行使領導，他們所使用的方式

實出人意外：他們創造了一個環境，允許瑪莎使用一種對她很管用的方式投入工作。某些人就是無法容忍有人不積極「參與」團體活動，儘管大多數時候，這類團體活動僅意味著參與者你一言、我一語，不斷地進行談話而已。談話不是瑪莎的工作型態，其他人知道這一點，因此他們讓瑪莎獨處。這也是一種領導。

例如威脅利誘模型之類的線性模型，其領導對象是人，有機領導則以程序（process）為領導對象。領導者的對象若是人，被領導的人可能須交出對自己生活的主控權。領導對象若為程序，領導者對人是很敏感的，領導者容許人們作選擇，容許他們擁有對自己生活的主控權。如同園丁對種子一樣，在有機領導模型下，領導者充分授權給人們，並非強迫他們成長，而是要激發隱藏在他們內在的潛能。

種子模型的觀點指出，領導乃是透過他人發揮創造力及生產力。這是一種有機定義，因為該模型主張塑造出一新環境，而非主張在少數特定場合，將力量放在少數行動上面，例如運用威脅利誘等手段，以求獲得特定結果。

對於深陷於線性模型思考框架的人來說，有機領導模型似乎是一種既模糊又空洞的觀念。然而，和傳統模型相較，有機模型有時反而能提供人們更精確的量化結果。不像線性模型，有機模型允許人們將創新因素納入考慮，因此有機模型在技術領域尤其管用。

創新的目的，就是要重新定義特定任務，或重新定義完成特定任務的方法。對領導的線性定義乃假設，旁觀者是瞭解某個任務的理想人選。在此定義下，對於未見過或不瞭解的創

新，旁觀者通常視而不見。這種對察覺創新欠缺眼光的旁觀者，顯然看不到人們透過創新行使領導的可能性。處在高科技掛帥及發現新事物為成功重要前提的時代，這種侷限性高的定義幾乎毫無實用價值。

　　有機領導模型可涵蓋所有類型工作，尤其適用於高技術性工作。它不僅不會冒犯技術性工作者，甚至可衡量人們對創新的貢獻度，瑪莎即為一例。心理學家可能不同意我的觀點，然而我確信自己已找到一種很實用的方法，可用來描述技術性領導者及技術性工作團隊。

1. 找一位你心目中的領導者，仔細觀察此人的一言一行，和你的言行有何不同？哪些差異是因為此人是領導者而有的結果？哪些差異是促使一個人成為領導者的因？

2. 你預期改進領導技能會讓現有生活變得更好嗎？改變自身行為，或促使他人改變行為，有助於改進某些領導技能嗎？

3. 你預期改進領導技能會讓現有生活變得更糟嗎？與所獲得的報酬相較，做這樣的改變值得嗎？想要改進領導技能，但不願因為在行為方面做了一些改變，而對自己造成如此大的負面影響，到底該如何做呢？

4. 準備一張清單，列舉說明哪些情境因為你的出現，使得他人的生產力因而提升。請準備另一張清單，列舉說明哪些情境因為你的出現，使得他人的生產力因而「下降」。你能找出這兩類情境的差異之處，並能分辨出它們的特色

嗎？（例如，在這樣的情境下，你可能有助於提升他人生產力：和自己已很熟悉，知道他們有何長處及缺點的人共事，或一同處理以前未曾見過的特殊問題。或，若為上述情境，你的出現反而會形成反效果。）列出這張清單，能讓你更認識自己，及更認識讓你獲得授權的環境嗎？

5. 根據前一個問題所準備的兩張清單內容來看，你是所屬團體的資產還是負債？你會主動尋找能讓你一展個人領導長才的情境，還是更常去尋找能讓你學習更多領導技能的情境？你真的從這些情境中學到經驗了嗎？或者，你只是不斷地重複做同樣的事，表現出同樣的領導風格？

# 2 領導風格模型

## Models of Leadership Style

如果特定行為被大家看重，在這種文化環境下，所有正常
人幾乎都能表現出該行為，此一現象實在不可思議……

──美國哈佛大學教授迦納（Howard Gardner）

《7種IQ》（*Frames of Mind*）

有機模型告訴我們，領導是一種環境塑造過程，在此一新環境中，人們覺得自己獲得充分授權。此時，人們可以自由地用眼睛觀看、用耳朵聆聽、用心感受，以及對事情表示意見。此外，他們也可以鼓舞他人、採取行動、提出自身要求、發揮創意，以及作各種選擇。

有機模型同時告訴我們，每一個人都是獨特的，因此我們可看到各式各樣的領導風格。不相信的話，你不妨挑一個團體，花十分鐘時間觀察該團體成員的行為。你將看到數十種不同的領導風格及相關行動，幾乎每一個人及他們所使用的技術性細節，彼此都不一樣。果真如此，我們怎能期待有人能夠將領導分門別類，從而幫助他人發展自己的領導風格呢？

我將利用本章篇幅發展一套模型，稱為MOI模型。我希望它能幫助讀者瞭解，自己是用何種獨特風格與他人共事。為拉近理論模型與現實生活的距離，我將以敘述一段個人經歷作為本章的起始。和所有人一樣，為了尋找自身領導能力的來源，我費了很多工夫仍然弄不清楚。為此，我常運用個人擅長玩彈珠台（pinball）的能力來尋找領導能力來源。我可以用這種方法回溯過去許多年所經歷的職業生涯，而不會覺得難為情。

## 動機

小時候，我玩彈珠遊戲的本領，是最讓我感到驕傲的少數幾件事之一。然而我哥哥並不喜歡我去玩彈珠台。電視遊樂器問市之前，常見到撞球室及保齡球館裝設幾台彈珠台。經常在這類有不良分子出沒的場所留連忘返，讓我變得很早熟。為了

使我願意安分地待在家裡多活幾年，家父特地買了一台叫作「Five-Ten-Twenty」的彈珠台擺在地下室讓我玩。

我當然可以在自家免費玩彈珠台，但我的父母擔心我去做這件事，若不付出任何代價的話，將無從瞭解金錢的價值，因此，他們規定我必須付錢玩彈珠台。當時，玩五顆球要0.05美元。有時，我在自家玩彈珠台，但偶而還是會去撞球館玩。

家附近有一個叫作歐曼的小孩，他家裡也有一台彈珠台，但他的父母似乎沒有這方面的困擾。歐曼整天玩彈珠台都不用付錢，朋友來玩的話，他卻要他們付錢。對歐曼我是又妒又恨。我常到他家玩彈珠台，經常贏他，儘管必須自己付錢換取贏他的特權，內心仍然很有滿足感。

玩彈珠台時，歐曼很容易被人打敗。他是附近這一帶玩彈珠台技巧最差的人。我想，原因可能是他父母允許他免費玩彈珠台，反而有礙他提升玩彈珠台的技巧。歐曼沒有動機，也沒有一種推力，促使他想要學習提升玩彈珠台的技巧。成績不好沒有關係，歐曼只需要重新設定，再玩一場免費的新遊戲即可。反之，每玩一場彈珠遊戲，我都必須自己付錢，因此我決定每玩一場彈珠遊戲，一定要玩到讓我覺得值回票價。

我玩彈珠台的技術水準達到了一個高峰，後來，我漸漸長大成人，也變得比較富有，我的技術便維持在那個水準，很多年都沒有改變。對我來說，花5美元玩一個下午，和花0.05美元玩一個下午並沒有什麼差別，因為背後已無推力促使我想要提升玩彈珠台的技巧了。其時，突然之間，世人開始洗刷掉彈珠台長久以來被冠上的污名了。人們不需要在自家設一個隱祕的空間玩彈珠台了。彈珠遊戲已變成一種有益身心的運動了。

有機構甚至舉辦玩彈珠遊戲比賽，優勝者還可獲頒獎杯。我一向對爭取獎杯有濃厚的興趣，因此，我又開始勤加練習，期望我的彈珠遊戲技術能獲得進一步的提升。

儘管一生當中有兩個不一樣的理由，促使我想要努力提升玩彈珠台的技巧，一是自負，一是金錢，但它們實為一枚銅板的兩面。不管我是因為想要贏取一座獎杯，或不讓自己遇到金錢方面的問題，若無某種拉力或推力作為我的動機的話，我可能會變得像被父母寵壞的歐曼，到頭來一事無成。

# 點子

我的球技日益精進，我也因此被許多常玩彈珠台的人視為英雄人物。他們都具備玩彈珠台的基本技巧，都很年輕，對彈珠遊戲很熱中，但他們卻不瞭解，為何一個像他們祖父輩的人，在玩彈珠台這件事上一直是常勝軍，讓他們敗得灰頭土臉。

他們對我的尊敬讓我很得意。這很像我早年擔任程式設計師的情形。你能在特定領域拿出好成績來，就能變成領導者。這些小伙子可能不聽父母親的話，我說的話他們卻聽得進去。他們很想知道我的祕技。我很快就發現，我是他們私下諮詢的對象。

我手中握有多張王牌，可立即傳授給後輩。那些小伙子非常急切地想學新東西，手很靈巧，而且大多數人玩遊戲時都不需要戴眼鏡。只要在一旁看個幾分鐘，我就能丟一個點子給他們，建議他們嘗試另一種不同的玩法。這就像在一片牧草上撒

下一把蒲公英種子一樣。

當然，我玩彈珠台的最大祕訣是，相較於小伙子，我的年紀大，因此必須多用一點腦子。我現在已經有一點老眼昏花，難以長久站立，手的動作靈敏度比以前更是遜色許多。若無出色的點子，我根本沒有贏的機會。

## 組織

然而，不論我多麼明確地說出來該如何做，有些人似乎就是學不會。厄比就是一個例子。儘管我已糾正過無數次，厄比總是在玩到一半時，他的一隻手就會不自覺地離開操控鰭狀板的按鈕，試圖拂開遮住前額的頭髮。厄比每弄三次頭髮，彈球就會穿過靜止不動的彈簧隔板間隙一次。

再來看富恩的例子，玩彈珠台的一個基本技巧，就是交替扳動著那兩個操控鰭狀板的按鈕。儘管我已提醒了不下一百次，每次玩得太興奮時，富恩還是會不自覺地同時按住兩只按鈕。

阿佛列德的情形呢？如果沒有在必要時用力晃動機器的話，也不太可能獲勝。可憐的阿佛列德，因為太靦腆了，即便因此有機會可免費再玩一次，他也不好意思用力去撞機器。

阿佛列德的姊姊溫娣，她的例子也很特別。想要贏過彈珠台，比賽時必須保持冷靜。我曾對溫娣解釋過此一要訣，然而她就是克制不了自己的情緒。每次被機器打敗，溫娣便有很深的挫折感，然後用力搥打機器作為發洩。她不僅把怒氣發洩到機器身上，其他東西也跟著遭殃。每玩完一場遊戲，溫娣便以

彈珠台的投幣箱為標的來一個側旋踢。一開始，這個動作無傷
大雅。後來，溫娣報名參加學芭蕾舞的課程，而學會了把腳踢
得更高。有一回，她得到一次分數奇低的比分，氣得一腳踢穿
一大片玻璃，而成為被Pinball Pete's（玩彈珠遊戲的場所）宣
布終身不得上門消費的唯一一名女性客人。

　　儘管我毫不藏私地傳授各種祕訣給他們，然而從厄比、富
恩、阿佛列德到溫娣，他們卻一直未能改進玩彈珠台的技術水
準。他們都欠缺一種井然有序的底子，因此無法讓他們成為玩
彈珠台的好手。他們並不欠缺推力，他們都很想得到更高比
分。只不過，他們的生命中欠缺一種成分，可以讓他們學會有
次序地組織身體動作與情緒。對他們來說，花再多力氣也到達
不了此一境界。


# MOI領導模型

　　為讓改變發生效力，人們身處的環境必須包含三個要素：

- **M：動機（motivation）**──獎杯或麻煩，促使參與者採
  取行動的推力或拉力。
- **O：組織（organization）**──可促使點子化為實際的現有
  結構。
- **I：點子或創新（ideas or innovation）**──種子，未來夢
  想獲得實現的情景。

　　領導也有可能意味著防止改變發生。為防杜變革，你必須
對所處環境做以下三件事之一：

- **M：消除動機（kill the motivation）**──讓人們覺得改變不會受到賞識；盡力為他們效勞，好讓他們覺得不需要為自己做什麼事；不鼓勵人們去做能讓他們享受為自己效力的樂趣的事。
- **O：助長混亂（foster chaos）**──鼓勵激烈競爭，讓人們完全不會考慮與他人合作；維持資源供應量稍低於最低需求水準；隱瞞關於普世價值的資訊，或將它們打散到一大堆無意義的字裡行間及文件中，讓人們難以找到。
- **I：壓抑點子的流通（suppress the flow of ideas）**──以批評取代聆聽；先提出你的點子，越大聲越好；讓提出建議的人倒大楣；杜絕人們合作的機會；最重要的是，辦公室絕不容許笑聲。

　　不論是用來促進變革或防杜變革，MOI模型給了我們一個關於領導的完整模型。在法文中，moi是「我」的意思。透過此一模型，我們可針對某人在特定情境所採取的行動，將它們區分為動機型、組織型或創新型，從而展現此人在該情境所採取個人領導方式的特色。

　　若能從一言一行看出某人幾乎可全然歸屬於動機型領導者，那麼，此人可能是一名超級推銷員，或魅力十足的從政者。只要手邊有任何點子，動機型領導者就有辦法將它們推銷出去。若為幾乎可全然歸屬於組織型領導者的人，可能是一名工作極有效率的企業經理人。這種人辦起事來條理分明，井然有序。他們不會要求增加人手，也不會讓同樣問題重演一次。倘若一個人的行動全部指向創新作為，表示此人可能是一個天

才。這種人滿腦子充斥著各式各樣的點子，卻無法和他人共事，或幫助他人訂定工作計劃。

為建立有效的領導風格，領導者有必要在動機、組織及創新之間取得某種程度的平衡。我個人很喜歡MOI模型，因為該模型強調，我們所有人都擁有構成領導的成分。對某些人來說，某些成分可能發展得比較好，其他成分的發展相對較差。然而，只要針對發展較差的成分加以強化，任何人都能改善缺失，變成更有效的領導者。世界健美先生的肌肉不比我多，他只是鍛鍊得比我勤而已。


## 技術領導者的角色

在提供客戶顧問諮詢服務，及舉辦領導技能研習營時，丹妮和我觀察了數以千計的技術人員嘗試解決問題的情形。這些從事技術性工作的人包括程式設計師、行政人員、工程師、旅行社業務代表、護士、設計師、營造商、醫生、系統分析師、建築師，以及其他來自各行各業的從業人員。我們觀察到，許多領導者均成功塑造出一種環境，讓人們得到充分授權，鼓勵他們解決問題。

某些領導者很會激勵人，但某些人卻叫不動一隻狗去追一隻貓。某些人辦起事來有條有理，某些人一大早起床後，卻找不到可以配成一雙的襪子。在工作崗位上一直都有最傑出成就的技術領導者，都非常強調創新的價值，也強調要採用更好的做事方法。

當我們進一步觀察技術領導者如何強調創新時，我們發

現，他們通常著重於三件事：

● 瞭解問題。
● 控制點子的流通。
● 維持品質。

領導者所行使的這些功能，構成了我們稱之為問題解決領導風格的成分，並展現了此種領導風格的特色。具備此種領導風格特色的人，正是最佳的技術領導者。

當然，個別領導者在動機、組織及創新方面的能耐有所不同，因此會用不同方式行使上述三種功能。想要引進一套有助於提升領導技能的新衡量工具，你需要先設計出一套工具（I策略）；教導人們使用它，說服人們嘗試它（M策略）；以及創造出一個鼓勵人們樂於使用新工具的結構（O策略）。

為促進點子的流通，領導者可考慮召開腦力激盪會議，其成功前提乃包含選擇一種有效的腦力激盪術（可視為一I策略）；安排會議時間、地點及參加人員（O策略）；以及教導參與者學習腦力激盪方法，甚至實際參與帶動會議的進行（M策略）。

毫無疑問地，一如每一個大廚都有其擅長的廚藝，同樣地，每一個人都有其個人比較偏愛的領導風格。你不需要為了變成一名問題解決型領導者，而放棄自身優點。事實上，你根本不該存有這個念頭。汰舊換新不能提升領導技能，增加新東西才能提升領導技能。

想要成為問題解決型領導者，不需要像皈依某個宗教信仰一樣，一夕之間觀念完全轉變。你只需檢視目的／工具組合，

看看你有哪些缺項，再設法一次增加一項。每學會一種新技能，你就多一種選擇，到了需要你帶頭解決問題的環境時，你能發揮正面影響力的機會即相對增加。久而久之，你將發現，你的團隊以一種不可思議的方式，讓工作效率變得越來越高。

# 相信有更好的方法

問題解決型領導者的行事風格有千百種，但他們有一共同點：堅信一定有更好的方法。

他們具備的這個信念源於何處呢？英國哲學家羅素（Bertrand Russell）曾說過一句名言：「信念就是相信某個無法證明它存在的東西。」儘管問題解決型領導者可能是一個凡事要求合乎邏輯的人，卻無法用邏輯來支持他們的信念。問題解決型領導者何時產生此一信念，可能要追溯到他們小時候的成功經驗。有的小孩很聰明，遇到困境時，往往能運用機智轉危為安，而創造了一次次值得一再回味的經歷。這些成功經驗強化了小孩對機智點子的信念。有了此種信念，小孩即會用更聰明的想法，試著去解決下一個問題。一個人越願意實地解決問題，其實務技巧就會越純熟。一次小小的成功，可能帶來更大的成功。問題解決型領導者於焉誕生。

並非所有人都適用此一自我強化循環。許多小孩從未嘗過被人聽到其提出點子而產生一陣狂喜的那種滋味，遑論有人實際採納其點子用於解決問題。等到年歲漸長，他們可能會變成做起事來一板一眼的人，不喜歡嘗試新事物。甚至有的人年紀越大，越加排斥他人嘗試新方法。

　　威脅利誘模型告訴我們，這個世界上的點子有時而窮，因此，一個人變成了問題解決型領導者，即表示好點子用罄了，害得其他人可能找不到更好的點子。一將功成萬骨枯。或許這正是許多人警告我們說高科技很危險的原因。如果創新的代價是僅讓少數人獲利，其他多數人卻成為犧牲品，或許問題解決型領導模型即非這個社會應致力追求的領導模型。

　　我個人卻堅信一定有更好的方法，在不損及他人利益的情形下，一個人可經由學習、練習產生更好的方法。我也堅信，所有人都可學會問題解決型領導風格，儘管他們或在小的時候，或長大成人後，被他人警告最好不要學習這種領導風格。這就是我努力想要解決的問題，也是我撰寫這本書的目的。

### 自 我 檢 核 表

1. 你能試著用MOI模型的術語描述你的個人特色嗎？五年前，你是什麼樣的人？

2. 你願意付出多大代價以改變你的MOI形象？未來五年內，你計劃採取哪些具體行動？未來一年內呢？下個月呢？明天呢？今天呢？

3. 你能想出是哪些特定事件，促使你欣然改變你原有的MOI形象嗎？這些特定事件彼此之間有共同點嗎？你該做什麼事，好提高這類事件發生的頻率？

4. 你在工作崗位上所表現出來的MOI形象，是否不同於你平常生活中的MOI形象？果真如此，此一現象代表什麼意義？

5. 你是否樂於使用目前的領導風格？你周遭的人是否樂於見到你使用此種領導風格？這個世界是否因為你使用目前的領導風格而有機會變得更美好？

6. 就在此時，你是否因為害怕某種威脅，或想要得到某種利益，而決定改變現狀？你最適於受此種動機的刺激而改變嗎？如果不是的話，你該如何做，好讓自己受其他動機的推動進行改革？來一種截然不同的動機如何？例如想要感受到更高的自我價值。

# 3 問題解決風格
## A Problem-Solving Style

「請告訴我，從這裡我該怎麼走呢？」

「那要看你想要去哪裡呀。」貓答道。

「我不怎麼在乎去哪裡耶……」愛麗絲道。

「那麼，你走哪一條路就無所謂了。」貓答道。

「……只要我能到達某處。」愛麗絲附帶解釋道。

「噢，只要你走得夠久的話，你一定會到達某處的。」貓答道。

——路易斯・卡洛爾（Lewis Carroll）

《愛麗絲夢遊仙境》（*Alice in Wonderland*）

技術領導者採用一種全面性的領導風格，我們稱之為問題解決型領導風格。他們很注重產生創新的流程，因此把領導重心放在以下三件事上：

- 瞭解問題。
- 控制點子的流通。
- 維持品質。

本章將逐一探討與此三類工作相關的行動，以及領導者如何運用動機型工具、組織型工具或資訊型工具，以找到更好的問題解決方法。

## 瞭解問題

許多技術工作者都像愛麗絲一樣，在仙境中夢遊而樂不思蜀。他們不太在乎去哪裡，只要他們能到達某處就可以了。電腦程式設計師稱呼此一過程為「駭」（hacking）。蘇是一名技術工作者，常沉溺在各種點子中，不知自己從事的工作和外在世界有何關連。她尤其不想去瞭解手邊待解決的問題。她滿腦子想的都是如何去探索新奇有趣的事物。如果她駭得夠久的話，一定會找到「某種」有趣的東西。

像蘇這樣的駭客，絕對夠資格參與問題解決團隊，而且有可能成為其中非常有貢獻的成員。唯一的前提是，參與該團隊的成員必須被限制在一定範圍內作駭客，而且每一位成員都清楚瞭解自己全力達成的目標為何。若未設定一定的範圍，人人都很努力地扮演好駭客的角色，但成功只能靠碰運氣了。我們

常見一些領導者採取以下特定行動，以創造出能讓所有人都清楚瞭解問題的環境。

## 詳讀細節

對問題下定義時，往往因為所下定義與事實有微妙的差異，而失之毫釐，差之千里。儘管有必要對問題作一概略的描述，但往往因此開啟了一扇窗，讓領導者看到某個非常重要的細節。問題解決型領導者常有此經歷，因此非常留意這類細節。反之，一看到繁瑣的細節，駭客立刻感到厭煩。他們很容易被其他事物吸引，例如某種似乎有可能解決現有問題的方法。最極端的駭客只對實驗新奇構想有興趣，即便是經由自己促成了某個解決方案，他們仍然視實際使用該方案為一件很討人厭的事。

我記得有一回，公司想要爭取某一個裝置電腦系統的標案。該標案要求得標電腦系統須達成99.9%的可用性（availability）。這是一高難度的要求，公司可能須付出昂貴成本。一名程式設計工程師卻注意到一件事：公司對「可用性」的定義，和一般工程師對可用性普遍的認知有很大落差。具體言之，如果公司所設計的電腦系統，至少可讓公司在一小時前偵測到系統可能會出錯，這樣的電腦系統是買方容許的。依這樣的定義，工程師應致力於研發可偵測錯誤的機制，而非努力研發一種防錯機制。兩者差異值400萬美元。然而仍有兩名工程師執意研發防錯機制，因為那是一種更有趣的技術性問題。這兩人既不知道，也不在乎誰要支付那額外的400萬美元。

## 鼓勵團隊成員務必詳讀細節

詳讀細節當然是一種純蒐集資訊的步驟，但鼓勵他人詳讀細節，卻是一種以動機作為工具的領導技能。如果說，幾字之差即值400萬美元，單靠一個人用一雙眼去找可能的錯誤，絕對是不夠的。以我們過去成立小組進行技術審議會議，以找出可能錯誤的經驗來看，一個有效的技術審議小組，找出成千上萬個細節錯誤不是不可能的事。有效問題解決型領導者即知道該如何創造出合適的環境，鼓勵人人睜大眼睛，以找出任何可能的錯誤。

## 回到原始問題解決爭議

除非團隊所有成員對於特定問題已達成共識，否則不管團隊投入多少努力，都將事倍功半。許多時候，人們爭辯不休，不是因為對解決方案的價值有不同看法，而是對問題有不同的認知。問題解決型領導者有敏銳的觀察力，可以察覺出爭議到底是源於對問題定義有不同的認知，還是因為對採取解決問題的方法有不同的看法。

## 從顧客處尋求更多更確切的細節資訊

沒有任何一個值得做的專案，一開始是用完整的、正確無誤的方式描述的，即便是以書面形式呈現的專案報告亦不例外。然而，仍有一些人僅憑手邊已有的資訊，便決定投入全部資源開發專案，完全不考慮徵詢他人意見。有時，和他人的小小互動，可能會讓你覺得非常值得。上週，旅行社的人打電話

來確認，問我是否真的需要知道一次複雜旅行行程第一天班機的確切出發時間。正因為她不嫌麻煩，撥出一分鐘問了我一下，而為我爭取到一次特別優惠的票價，讓我節省了450美元。

### 回頭檢視細節

待工作進行了一段時間，可能更瞭解要求的實質內容時，再回頭檢視細節。沒有人一開始即清楚瞭解非常複雜的問題，但我們常自以為瞭解問題。這種態度常為我們帶來大麻煩。我們常鼓勵人們一再檢視對問題的假設，道理即在此。某營造商承攬一件蓋公寓的建案，發現合約中對材料成品的規定有「同級品」（equivalent）這個字，因而節省了33,000美元。某醫生拿出一名病患的診斷報告內容再讀了一遍，發現當初被視為無關的一個徵兆其實與病情大有關連，因而挽回了一條生命。有效領導者都建有一套機制，能幫助他們持續檢視自己對問題的認知。他們很有自信心，但也很理性，知道一個人的智慧是有限的。

## 管理點子的流通

點子位於問題解決型領導風格的中心位置，乃為幫助人們從問題定義衍生出優質解決方案的方法。點子太少，意味著領導者可能提不出解決方案；點子太多，意味著局面一團混亂，領導者可能無法控制。領導者若無法控制點子的流通，只有兩個技術專家也會爭辯不休，三個人就是烏合之眾，四個人甚至

會變成暴民。若懂得有效管理點子，無論人數多寡，領導者都
有辦法組成一個成功的問題解決團隊。以下列舉問題解決型領
導者常用來解決問題的十二種具體作為。

## 作法1：拋磚引玉，先為團隊貢獻一個不錯的點子

儘管領導者似乎都知道該這麼做，也知道此刻確實需要一
個真正好的新點子，但事實上，人們就是提不出什麼真正好的
新點子。幾千年前，亞里斯多德（Aristotle）就說過：「不是
一代，不是二代，而是一代又一代，同樣的觀念一再重複出現
於這個世界上。」個人服務於高科技機構長達三十年之久，我
看過真正可稱得上是原創性的點子，數量還不及十個。以電腦
軟體產業為例，在這個領域內，幾乎所有的新點子，都脫離不
了一個多世紀以前查爾斯‧巴貝治（Charles Babbage）❶所奠
定基礎的範疇。對領導者來說，比提出不錯點子更重要的事，
應為打造出合適環境，鼓勵人們要識貨，以察覺是否有人已提
出可解決問題的好點子。

## 作法2：鼓勵人們模仿有用的點子

或許有人不肯承認，事實上，許多問題解決型領導者都是
習慣性的模仿者。模仿成績最好的人不僅大方承認自己是模仿
者，甚至不斷地精益求精，讓模仿變成一種藝術。亞里斯多德
老早就告訴世人，大多數的「新」點子都是從其他領域得到靈
感的，因此，問題解決型領導者不斷地到其他領域尋找可用的

---

❶ 編註：英國數學家，現代電腦之父。

點子。最會教書的老師絕不會閉門造車,他們一定會經常研讀其他老師的教材、旁聽其他老師是如何授課的,並研究其他老師給學生出的練習題。最優秀的電腦程式設計師都知道,如果舊程式稍加修改即可套用於新用途,他們就絕不會另起爐灶重新撰寫一個新程式。最優秀的電路設計師都清楚知道,自己已有哪些現成的電路設計,也知道它們可運用於哪些場合。已經完成的任務,不管它們是自己或他人做的,問題解決型領導者都不會再做一遍。

## 作法3:努力研發成員提出的點子

沒有哪一個點子在剛醞釀成型時就是十全十美的,即便是抄襲來的點子,也要做一些調整才能應用到新情境。為了讓原始構想成為真正實用的東西,大多數問題解決型領導者均投入大量心力,遠超過當初為構思及提出構想而投入的心力。發明家愛迪生對此即有最精闢的詮釋:「天才是百分之一的靈感加上百分之九十九的努力。」

## 作法4:採用團隊成員一致希望發展的點子

放棄自己的想法,採用團隊成員一致希望發展的點子;除非讓所有人都瞭解其內容,否則不輕言駁回任何一個點子。面臨任何複雜的問題,領導者都需要考慮意見調和的課題。問題越大,涉及的人越多,越需要大家有志一同攜手合作。為能發揮團隊合作精神,大家勢必得遵守少數服從多數的遊戲規則,但如果服從多數的結果是大家一致朝錯誤方向前進,麻煩就大了。

　　要領導者完全不採用自己的想法，或拒絕放棄自己任何一個想法，還比較容易一些。試著放棄自以為是的想法，以及，當其他所有人都執意走向致命錯誤之路，還能以一己之力對抗全體人的意志，這才是真正難以達到的境界。我對一個造園設計的案例有特別深刻的印象。一名隸屬某個造園設計開發團隊的造園設計師，提出在新建園區裡蓋一座運動場的設計構想，因與園區其他部分不搭配，於是很有風度地撤回蓋運動場的建議。起初我以為這個人態度不堅定，可能是一個優柔寡斷的人。後來他卻反對在園區內某處蓋一座滑道。儘管反對者只有他一人，贊成者有七人，他仍然堅持到底，直到有人終於瞭解，該滑道對兒童確實有潛在危險，大家才同意不蓋那座滑道。

## 作法5：不要趕時間，仔細傾聽其他人解釋他們的點子

　　那個造園設計團隊肯花時間去瞭解為何那座滑道有潛在危險，這種做法就很值得讚許。在時間壓力下，許多人還未來得及瞭解大多數點子的內容，就草草決定放棄它們。有時，人們只要肯多花一點時間去瞭解一些不錯的點子，就不用浪費時間去搞懂那些爛點子了。一旦領導者用不當理由駁回採用人們提出的點子，未來難保這些人對專案投入的心力不會打折扣。儘管有時間壓力，領導者也應傾聽所有點子，甚至包括最終被證明無實用性的點子，在這樣的環境下，專案流程反而會縮短。

## 作法6：測試他人貢獻的點子

　　人們在任何一個情境所提出的點子，絕大多數都毫無價

值，只有極少數稱得上是有實用價值的點子。但我們應如何從大海撈針，找出有真正實用價值的點子呢？諸如IBM、奇異等高科技公司，均設有大型研究實驗室，負責找出有發展潛力的新產品點子。然而這些公司研發成功的許多新產品，其原始構想多半不是這些公司所屬實驗室提出的。任職於這些實驗室的研究人員有一個主要任務：掌握所屬專業領域最先進的發展趨勢，以吹毛求疵的態度進行測試分析，找出最有可能為公司帶來潛在利益的趨勢。一旦發現有好東西，立即想辦法或併或購，將它們據為己有，再運用實驗室既有資源，將它們發展成為有商業價值的產品。

## 作法7：勿立即批評同仁提出的點子，多讓點子互相流通

測試點子的可行性當然有其重要性，但極少點子真的那麼危險。領導者實應容許人們多等一會兒，好重新思考自己對新點子的初始反應。批評是一回事，立即批評又是另一回事。高科技公司常等不及小公司證明某些重要新點子在實務上是可行的，就決定不採用，甚至不只一次決定不採用。例如一九四八年，IBM以市場太小為由，決定不做電腦生意。IBM後來取得電腦產業霸主的地位，不是因為該公司領先開發成功電腦產品，而是在其他公司證明新點子確實可行後，再進行測試，並據以重新評估當初所作駁回新點子的決策。

## 作法8：批評別人提出的點子時，切記應對事不對人

問題解決型領導者不僅清楚知道，並非所有點子都可用來解決每一個問題，他們更清楚知道，每一個人都是有用的人。

他們瞭解，聽到類似「這個想法很愚蠢」或「你不會當真吧」這樣的評語，員工極可能打消貢獻更多想法的念頭。因此，他們會用很委婉的方式提出他們的看法。這意味著他們會很謹慎地表達意見，且對事不對人。

## 作法9：先測試之後，再提出個人點子

一般人對問題解決型領導者的刻板印象為，聰明絕頂的青年才俊滔滔不絕地說出他們對各類問題的看法。若以「影響力行動」的數量來評估領導能力的話，這種人或許會獲得很高的分數。事實恰好相反，這類人絕對稱不上是真正的問題解決型領導者。若問他們為何一直不停地發表意見，這類喜歡喋喋不休的人常答稱：「因為沒有人有任何貢獻呀！」這種說法實在很荒謬。沒有人會聰明到可以被人封為萬事通。尤有進者，一個經常喋喋不休地把一些欠考慮的想法告訴他人的領導者，最容易讓人打消提出點子的念頭。

## 作法10：發想新點子應適可而止

當時間人力已不夠時，不要再花心思想新點子了，趕緊開始幹活是正經。有時，儘管現有點子的數量似乎還不足，但如果不趕緊投入人物力開始執行專案的話，事情就不可能做完。某些所謂的領導者認為，他們應該是高高在上的，而不肯放下身段去實地執行專案工作。即便是上帝，用六天時間完成造物工作後，也決定不想再造更多的物種了。

## 作法11：鼓勵放棄過去獲致成功的點子

鼓勵團隊放棄一些過去獲致成功的點子，因為它們已不適用於新場合了。放棄餿主意已經很不容易了，放棄好點子則更加困難，因為有些人老是把曾經用過的好點子拿出來一用再用。再好的點子也會有其限制。如果一天吃三次，再好吃的香蕉奶油派也會吃膩的。

## 作法12：重新啟用之前被棄置的點子

如對解決問題某個部分有用的話，重新啟用之前被棄置的點子。事實上，沒有點子不好的問題，只有場合不對或時間不對的問題。人類發明蒸汽船後，帆船就逐漸消失了。後來，能源成本日益高漲，帆船鹹魚翻身，再度成為一種主要的運輸工具。舊點子永不過時；問題解決型領導者不僅記性特佳，更懂得掌握時機。

# 品質控制

赤郡貓（Cheshire-Cat）對愛麗絲說道，只要走得夠久的話，一定會到達某處的。如同漫無目標的駭客一樣，像愛麗絲這樣的人，他們的品質實無從衡量起。但是，對於問題解決型領導者來說，「到達某處」還不夠好。問題解決型領導者一旦確立某個目標，也決定致力於達成該目標，就絕不會接受有缺點的解決方法。具體言之，領導者常採取以下作為，以確保所處環境的品質。

## 作法1：衡量執行專案的品質

　　願意重新檢視專案是否符合預定目標，不代表願意在品質上妥協。惟有先明確定義未來將達成何種目標，瞭解問題出在哪裡才有意義。每一位大廚一定會一嚐再嚐，確定食物味道對味後，才會上菜。同樣地，有效問題解決型領導者從不在品質上妥協。他們瞭解，如果不需要解決現有問題，任何問題都會變得無關緊要。

## 作法2：設計衡量解決方案品質的工具

　　研擬解決方案之際，設計一套可衡量該解決方案品質的工具。製造商能夠按照預定時程交貨，且貨物品質符合訂單規格，並非光靠運氣，或不斷要求員工賣力工作。在高科技產業，導入程序本身就是一種高科技產品，需要人們發揮嫻熟的問題解決領導技巧。有時，在人們如火如荼地執行專案之際，上級卻要求衡量實際進度及執行品質，對他們來說實為一大負擔。如有一套良好的衡量工具，在新環境下實行品管將是一件很自然的事情。

## 作法3：隨時準備改變解決方案的步驟

　　衡量導入速度，與預定時程做比較，隨時準備改變解決方案的步驟。完成任務的時間必然是預定目標的一部分，領導者必須拿實際進度和原始目標作比較。新產品不過晚了幾個月時間上市，卻成了不少高科技公司出師未捷身先死的主因。

## 作法4：退一步重新思考專案的可行性

　　有時，從不同角度檢視現在做的事，反而是最佳衡量工具。在軟體產業，已開始導入的專案當中，一半以上最後都被叫停。越早叫停註定會失敗的專案，公司省下的錢就越多。問題解決型領導者不僅能看到註定失敗的專案，也能說服他人接受失敗事實，以免公司繼續砸更多錢去挽救毫無希望的專案。

## 作法5：導入專案之前徵詢顧客意見

　　一般人總認為問題解決型領導者是獨來獨往的天才，然而真正的領導者卻喜歡締造成功。儘管顧客意見不一定正確，但只有他們是掏腰包的一群。領導者也知道，如果顧客不願意掏腰包購買某種產品，該產品一定不會成功。倘若領導者建立某種機制，要求專案成員必須持續徵詢顧客的意見，就不會有那麼多專案最後被迫叫停了。

## 作法6：提振士氣對抗挫折

　　面對挫折時，問題解決型領導者不接受失敗，他們知道該如何帶領人們繼續打拚，對於某些全心投入的人視挫折為個人悲劇時尤是。對一個有效領導者來說，失敗反而可讓他們從無效點子的捆綁中釋放出來，讓他們重新啟動點子醞釀流程，並記取教訓，下一次要做得更好。

### 自 我 檢 核 表

1. 觀察某個被你認定是領導者的人。準備一張清單，列出此人和他人共事的一言一行，看看其中有多少言行可被歸為瞭解問題、控制點子的流通，以及維持品質這三類。有哪些言行是你從未做過的？原因為何？

2. 觀察某個被你認定不是領導者的人。準備一張清單，列出一些此人可輕易運用領導技巧，卻被此人錯失的機會。你是否也錯失了這些機會？原因為何？

3. 你曾否很難讓他人注意你提出的點子？他人提出點子時，你的反應為何？

4. 你帶一組人做事，用什麼方法促使成員從不同角度檢討目前執行情形？獨自一人做事時，你又用什麼方法自我檢討？有任何途徑可幫助你改善目前自我檢討的方法嗎？

5. 下一次帶一組人執行任務，列出你在行使領導技能時所做的所有事情。若未能列出至少十件事，請你再做一遍該任務，一直做到為了完成一個任務，至少要做十件有助於領導的事。列出此份清單後，試著將它們依瞭解問題、控制點子的流通及維持品質分門別類。分類後，能看得出你的領導風格傾向於其中一類嗎？你做的哪些事無法歸類到這三類？

6. 綜言之，你應該採取哪些新作為，好讓你成為問題解決型領導者？

# 4 領導者的養成
How Leaders Develop

默默耕耘，年復一年，螺旋漸高，門第漸寬，
蝸居蝸居，喜新厭舊，搬離舊屋，歡喜喬遷；
宏偉宅第，千挑萬選，意興風發，神態慵懶，
眼前只見，新廈英姿，老宅記憶，化作青煙。
韶光荏苒，光陰似箭，內心深處，發出呼喊，
華屋拱門，不敷使用，再蓋三廈，豈只等閒！
更勝以往，高貴新殿，巨型圓頂，立地頂天，
自由發揮，藝術才能，長此以往，無盡無邊！

　　　　　　　　——霍姆茲（Oliver Wendell Holmes）
　　　《洞穴裡的鸚鵡螺》（ The Chambered Nautilus ）

能促成變革的人，也就是讓他人改變；讓工作群體改變，讓組織改變的人，才稱得上是領導者。最重要的是，能夠讓自己改變的人，才是真正的領導者。想要成為領導者，你必須瞭解改變是如何發生的；但一個人很難看到自身的改變。為此，本書提供讀者另一個簡單模型，亦即說明領導者是如何「養成」的模型。此一模型可幫助我們瞭解領導者在做些什麼事。

此一模型涵蓋兩個交替的主要階段，緩慢成長階段及快速成長階段，我稱它們為高原期（plateaus）及峽谷期（ravines）。這兩個階段構成一個流程，此一流程可能由高原期先開始，也有可能由峽谷期先開始。我們可以從任何一點來描述該流程。我可以仿效霍姆茲，以鸚鵡螺為例，從生物學的觀點說明此一流程。我也可以選擇以健身器材為例，從生理學的角度來說明。但我既然在玩彈珠台這件事上頗有心得，而非健身高手，因此我願意繼續以彈珠台為例。我提出的問題是：一個人應如何提升玩彈珠台的技巧呢？

## 勤練是上策

到了撞球場，我父親可以輕易擊敗我。玩彈珠台時，我卻佔盡優勢。我一直很納悶，為何家父撞球打得那麼好，家父也一直覺得很奇怪，為何彈珠台他總是玩不過我。到現在，我仍然是彈珠台高手，我的小孩沒有一個是我對手。然而玩電視遊樂器時，我卻經常被他們痛宰。他們一直想不通，像我這樣一個看起來很笨拙的老傢伙，如何能成為玩彈珠台的高手。我也

很困惑，為何一玩起電視遊樂器的時候，我總是那些小朋友的手下敗將。

若將圖4.1中的幾個點串連起來，可展現過去四十年來我在彈珠台方面的成績。如圖所示，我的技巧一直穩定進步。回溯以往經歷，我不記得哪一個時刻我的技巧突飛猛進。從此角度來看，面對「如何提升玩彈珠台的技巧」這個問題時，正確答案應該是：四十年來天天練習，從不間斷，彈珠台的技巧自然可穩定提升。

我們這種玩彈珠台的老手很喜歡聽到這種答案。這個答案意味著，我們年輕時浪費了很多時間在玩彈珠台上面，那些妄自尊大的小伙子永遠也趕不上我們。但偶而也有例外發生，每隔一陣子，某些小伙子的成績就會超越我們。例如幾年前，一

**圖4.1　溫伯格過去四十年來彈珠台技巧之成長趨勢**

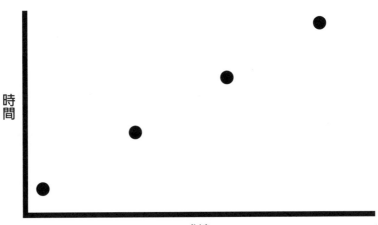

名年僅十二歲的小朋友便從我手中奪走城市盃彈珠台大賽的冠軍。或許勤練還不是正確答案的全部內容。

練習有助於技巧慢慢提升，這一點是毫無疑問的。但除了經常練習外，還有其他方法可幫助我們提升技巧。我們甚至不記得自己曾用過這些方法（我一直懷疑我的記憶力，特別是涉及長達四十年的時間）。如果時間短一點，如果過程中留有更精確的紀錄，或許能讓我們看到對提升技巧有影響的一些其他因素。

## 突飛猛進

每當附近店家新裝了一台機器，我都迫不及待地想要去征服它。同樣是圖4.1，它也可以顯示我在數週內玩某台新機器成績的進步情形。然而，如用更精確的數據來表示，它可能變成一個很不一樣的趨勢圖。如圖4.2所示，可清楚發現，從店家引進「黑武士」（Black Knight）這台機器，我對它從完全是一名新手所得到的分數，一直到我創下迄今未被打破的最高分紀錄3,568,200分，這期間的進步情形。

在此圖中，每一次成績有進步，幾乎都稱得上是突飛猛進：從一個高原期躍進到下一個高原期。兩個階段之間的技巧也在緩慢進步，但就整體趨勢來看，其進步幅度實微不足道。

整體而言，那少數幾次突破性的躍進，才是圖4.2的重點。以「黑武士」這台機器為例，我那幾次的成績能夠大幅躍進，不是因為我按鈕按得更熟練，或用更大力氣去推撞機器，而是因為我「領悟」到新的玩法，成績因而突飛猛進。例如，

圖4.2　溫伯格玩黑武士彈珠台機器的平均成績

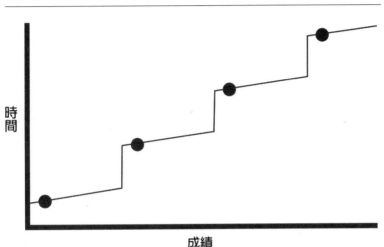

一開始把彈珠彈出去的時候，如果能用一些巧勁，就能讓黑武士這台機器的三顆球同時在檯面上滾動；一旦出現此種情況，分數即以三倍計算。當我瞭解此一訣竅，能夠很熟練地以最快時間讓三顆球同時在檯面上滾動時，我的分數當然立刻大幅提升。

　　但是，如果未勤加練習，我是不可能察覺到可以讓三顆球同時在檯面上滾動的情況。除非我多花時間摸索到玩黑武士的一些小訣竅，我很難發現一開始把彈珠彈出去的時候，可以用一些巧勁，讓三顆球同時在檯面上滾動。準此，想要從甲高原期躍進到乙高原期，其前提為，你必須在甲高原期穩定地改進既有技巧。

　　職是之故，圖4.2提供我們一個更複雜的成長模型。勤練是上策，但如果你已經很滿意現有成績，即意味著你應當開始

尋求可以讓你現有成績突飛猛進的新領悟了。換言之，除了繼續花時間熟練現有技巧外，也勿忘尋求別出心裁的新方法。

## 掉入峽谷

「尋求更好的新方法」說比做容易。你可能領悟到應該讓三顆球同時在檯面上滾動，然而當你決定用巧勁連續彈出三顆彈珠時，即有可能掉入黑武士這台機器的陷阱。為此，你必須測試你對新方法的領悟，以證明新方法確實優於舊方法。而做這件事，即意味著你正在放棄過去非常熟練的舊方法。

圖4.2顯示我玩黑武士這台彈珠台機器所獲平均成績的進步趨勢。圖4.3也是我玩黑武士的成績，但不是平均分數。進入每一個高原期之前，都會經歷一個峽谷期。每一次想要讓成績突飛猛進之前，我都經歷了短時間成績退步的階段。

舉例來說，學會用巧勁連續彈出三顆彈珠後，我的成績立刻躍進一個高原期，我對自己的表現感到很滿意。我可以輕易擊敗其他常來 Red Baron 玩彈珠台的人，但我的分數還不夠高，不能讓我整天玩免費遊戲。我一面努力慢慢改進新學會的技巧，一面思索是否還有我不曉得的技巧。當我學會連續彈出三顆彈珠時，我的分數立刻竄高。然而為了同時留住三顆彈珠，偶而一個不留神，三顆彈珠一下子都掉進洞裡。儘管每玩四次才出現一次這種失誤，但三顆彈珠一掉進洞裡，遊戲就宣告停止了。

我開始在想，如果我不勉強同時留住三顆彈珠，而改為至少留住一顆彈珠，不知道分數會有什麼變化。當我試著採用此

圖4.3　溫伯格玩彈珠台經歷峽谷與高原期

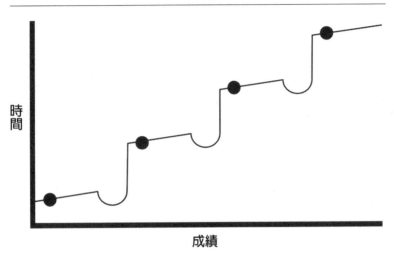

一新方法時，我的分數立刻直線下降，掉入我所謂的峽谷期。事實上，在這段期間，我一直和一名年輕高手暗中較勁，當我掉入峽谷期時，他的分數即開始超越我。我丟不起這個臉，立刻改用我熟悉的老方法，再度讓他臣服在我之下。

　　稍後，若沒有人在旁觀看時，我還是會嘗試練習我悟出的新方法。儘管分數又降了下來，但我留意到，和以前比起來，情況已有改善，大約每五次才出現一次不小心讓三顆彈珠掉進洞裡的失誤。經過不斷地練習，我逐漸改進玩彈珠台的技巧，連續彈出三顆彈珠後，不管其他兩顆球怎麼滾動，盡量讓至少一顆彈珠留在檯面上。每一次讓三顆球同時在檯面上滾動時，我的成績並未明顯增加，但總分卻提高了不少。又，每丟進一枚銅板，我玩的時間比以前更長。這也是我玩彈珠台的主要目的之一。具體言之，每丟進一枚銅板，我可以多玩許多場免費

遊戲，時間長達好幾個小時。這是我玩彈珠台的真正目的。

圖4.3所顯示的，是一個更接近事實的成長理論模型。如圖所示，我的成績成長曲線經歷了好幾個高原期，但稱不上是躍進式，只能稱為爬升式的成長。為了登上下一個高原期，你必須放棄既有根基，不再用過去自己一直很有把握的做法，而且很有可能掉入峽谷期。如果你不放棄原有做法，或許持續會有小幅進步，但你永遠也衝不上下一個高原期。

## 眞實世界的成長

上述峽谷高原成長模型的應用範圍很廣泛嗎？除了彈珠台之外，此一模型可應用於其他所有情境嗎？圖4.3所顯示那條較平滑的曲線，的確過於簡化了。真實世界的成長比較像圖4.4所描繪的情形，該曲線可能代表我玩黑武士未經平均後的實際成績紀錄。一如玩彈珠台，在日常生活中，我們做的每一件事，有很大一部分都是在碰運氣，而任何理論都無法預測碰運氣的結果。

我們所經歷的成長，大多都與碰運氣有直接關係。此一事實常讓人們看不清理論模型的全貌。例如，某一次運氣特佳，我打得特別順手，成績衝到350,000的高分，這讓我覺得飄飄然，自信心因而大增。下一回，因為某個不知名的狀況，讓我的分數大幅滑落，我可能相信自己已經老了，手腳已經不像以前那樣靈活了。這種見樹不見林的反應是很自然的。

排除對許多真實成長過程造成干擾的狀況後，仍可歸納出一種峽谷高原型態。從國家、產業、組織，到團隊，不論規模

圖4.4　溫伯格玩黑武士彈珠台機器未經平均的成績

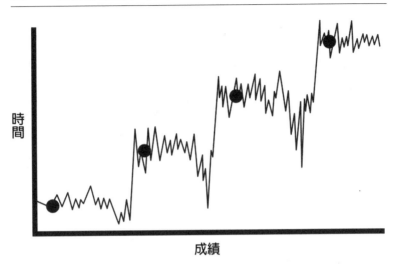

時間

成績

大小，它們的成長都照著此種型態發展。個人亦復如此。

　　我有我的獨特之處，且以此自豪。我很不喜歡有人對我說，我只是某個看不見的巨大型態的一部分。我絕不會說，某人「只是」某個看不見的巨大型態的一部分。況且，如果那個型態不是真的，某人也不可能成為該型態的「一部分」。在前幾章中，我用了一些工具試圖說明我一生的經歷。多認識一些其他人的經歷，有助於我們做出更正確的選擇。瞭解書中介紹的這些型態，可幫助問題解決型領導者做出更睿智的職涯選擇——這與告訴某人只是某個型態的一部分，實有天壤之別。

　　接下來的章節，我們將深入探討人們如何成為技術領導者。關於這一點，任何模型或文字描述都不足以指導你個人養成的過程。這些模型與文字描述能讓我們認識外在世界的狀

況，但關於我們對一些親身經歷的事情的感受，它們卻使不上力，例如我們到達高原期時感覺欣喜若狂，對下一個高原期產生莫名的恐懼感，以及摔落峽谷時感到痛苦萬分等。

進入某個高原期，不論你感覺多麼興奮，覺得自己多麼棒，你都不會忘記摔落峽谷時的痛苦記憶。但是，倘若未對將來懷抱希望，摔落峽谷的痛苦記憶將永遠啃蝕著你，讓你一直站不起來。因此，惟有懷抱著希望，渴望再一次享受成功攻上下一個山峰的喜悅，才能燃起鬥志之火，讓跌倒的你勇敢地爬起來。

## 成長是啥感覺？

想要一嚐逐漸成長變成一名領導者的滋味，唯一途徑就是親身去經歷，同時輔以參考他人的實務經驗。自身感受遠比技術性的細節更讓當事人感到踏實。二十五年前，我當選為IBM 650型機器最佳程式設計師，到舊金山領獎。我早已忘記我因為撰寫何種程式而獲獎，但獲獎當時讓我感覺興奮萬分的那一刻，至今仍記憶猶新。攀上高原期的那一刻，讓當事人產生這種志得意滿的感覺是很正常的。歷經千辛萬苦，總算苦盡甘來。你的表現讓他人刮目相看，沒有人會說你停滯不前。

客觀「事實」卻是你的良師。儘管我已被譽為IBM 650的大師級設計師，還有體積更大、功能更強的IBM 704等著被征服。總公司派我到洛杉磯分公司，和IBM 704的程式設計師共事。對於我懂得將主記憶體置於IBM 650機器內最佳位置的這項專長，在這些設計師的眼中根本不值一毛錢。一個位於高原

期的人，通常就是這樣摔下來的——遇到一些自己不熟悉的東西。一如其他人，我一開始的反應是拒絕碰觸我不熟悉的東西。我告訴他們說，磁鼓記憶體❶（drum memory）的性能優於磁蕊記憶體❷（core memory），十進位制符合人類直覺，比二進位制更好。我說出這番道理，遭到他們的訕笑，迄今我仍忘不了他們的表情。

為掩飾我的尷尬，我開始偷偷學與704有關的東西，但也因此摔入峽谷。以前，我只要花十分鐘就能搞定650的程式，現在卻要花好幾天時間，才能寫出一段很簡單的704程式。我無法預估需要多少時間才能完成程式的撰寫，無法預估需要多少時間測試程式，甚至無法預估我寫的程式能否順利讓機器運轉。我感到很不安，很想為自己找一個藉口，乾脆重作馮婦，回去玩我的650算了。

在那段混亂的日子，我仍然得到一些啟發。我在採用二進位制的704機器上，發現一些特質的確優於650機器。看到被擴增的記憶體（用現代術語來說，舊型機器為10,000位元，新機器為36,000位元）及更快的速度（舊型機器記憶體存取時間為120毫秒❸，新機器為12微秒❹），老實說，我是心存感激的。

---

❶ 編註：IBM 650為台灣最早使用之電子計算機，屬於十進位制電子計算機，其主記憶體為磁鼓記憶體。

❷ 編註：磁蕊記憶體，屬於二進位制系統，亦即處理的資料，不是1（順磁性或高電位）就是0（逆磁性或低電位）。

❸ 編註：millisecond，簡稱ms。毫秒為千分之一秒。

❹ 編註：microsecond，簡稱us。微秒為百萬分之一秒。

　　我沒有向他人透露我的新發現，但這些新知識幫助我重新認識這個世界。某一天，我遇到一位客戶，這位客戶想要處理某個問題，但650機型完全派不上用場。當時，我靈光一現，想起704機器正好可以解決該客戶的問題。從那一刻起，我的腦筋終於轉了過來。跌跌撞撞之後，我開始真正相信自己已走過一段爬坡路，抵達一個新高原期。

## 循環流程

　　登上704高原期最艱難的一步，就是學會八進位制。之後，公司推出IBM 360，我再度被迫放棄八進位制，重新學習十六進位制，以及另一種截然不同的機械語言❺（machine language）。這是我碰到的另一個峽谷，惟其衝擊性不若第一個峽谷來得大罷了。我仍然會有徬徨不安的感覺，同樣也有乾脆放棄的衝動。儘管如此，我覺得更有自信能夠存活下去，我甚至對此感到興奮。

　　幾年後，我不得不放棄組合語言❻（assembly language），改學更高階的電腦語言。這對我來說實在是一大犧牲，因為我出了一本介紹組合語言的暢銷書。我大可在組合語言的高原期

---

❺ **編註**：機械語言是第一代的電腦程式語言，又稱機器語言。由0與1二進位碼組成的命令，通常以組合語言寫成原始碼之後，再將它編譯成機械語言，機器即可直接執行。

❻ **編註**：組合語言是系統程式設計師最常使用的電腦語言。和機械語言一樣，都是最接近硬體的語言。但因機械語言不易閱讀，所以組合語言成為人們與機器溝通的最佳橋樑。

上繼續多享受幾年，甚至更久。但我已有自信可以通過下一個變革。與其視之為一次必須忍受的試煉，我已學會把變革看作是一種有創意的挑戰。

高原峽谷模型描述了一種流程，但它也描述了一種循環流程（metacycle），一種包含很多流程的流程，一種螺旋狀的流程，如同鸚鵡螺。每一次克服某個峽谷後，我不僅登上了一個新高原，也等於多爬升了幾階，登上一座螺旋式高原的某一個高點，逐漸學會如何應付成長的課題。我不僅學會了一種新電腦語言，更重要的是，我也「學會了如何學習」新電腦語言的方法。我的這種循環學習的態度，從我看到出現學習新電腦語言的機會時，而產生情緒性的反應可見一斑。我不僅不覺得焦慮，不會自我防衛，不覺得自己是無用的，相反的，我覺得很興奮，覺得自己可以發揮創意，甚至可迎接任何挑戰。

為養成這種循環學習的態度，你必須克服第一個峽谷。並非所有人都有充足的動機，也不是每一個人都很堅強，承受得了這種衝擊。我的一些老朋友仍然停留在第一個高原期，在組合語言的領域稱霸，精益求精。但大多數人都和我一樣，不斷爬到其他技術領域的高原期，對自己越來越有信心，越來越能優遊自得。

儘管如此，對於想要成為領導者的人來說，這種技術性的循環學習對他們的助益卻很有限。有些人為了避開峽谷，而選擇當上司，結果反而摔入峽谷，在人生旅途上跌了一大跤。我個人係透過授課及帶領小型工作團隊，逐漸學會領導技能。儘管如此，有時我仍然覺得心力交瘁，苦惱萬分。每一次，都是循環學習帶領我克服難關。時至今日，每一回我帶領一個新工

作團隊時，我已學會如何享受焦慮，同時能夠很輕易地將負面情緒轉變為興奮。我的成長軌跡就像是鸚鵡螺背上一圈圈的螺旋，每一圈都比下面那一圈更高貴。

幾年前，我想試試自己的能耐，於是創立了一家公司。公司經營得非常成功，但對當時的我而言，那座大廈太華麗了。包括自己在內，我成功地把大家逼得喘不過氣來，在那個殼過度成長之際，我離開了那家公司。沒有人能保證，每一個峽谷都會領人登上一個高原。某些峽谷永遠是峽谷。

我學到了這個教訓。儘管如此，我又經歷了其他兩個循環流程，並得到勇氣，而決定創立另一家公司。經營一家公司確非易事，但截至目前為止，我似乎從循環再循環的學習流程中獲益良多。

自 我 檢 核 表

1. 你是否具備某種技巧，例如玩彈珠台、舉重或製造模型，經年累月下來，此一技巧一直在進步？你可以描繪出此一技巧的進步曲線圖嗎？你能將學習此種技巧的方法應用於學習成為一名更稱職的問題解決型領導者嗎？

2. 你已登上某個高原期嗎？目前處境如何？有任何訊號顯示你有可能接近峽谷嗎？你想要努力不讓自己摔落峽谷，還是想要學習一旦跌跤後應如何爬起來？

3. 你多久沒有登上一個新高原期了？你還在享受目前位於高原期的好日子嗎？為順利攀登下一個高原期，你做了哪些準備？

4.在人生旅途中，在學習新事物這件事上，你學到哪些功
　課？

5.選擇一些每天做十五分鐘，連續做一週即可看到成效的事
　情去做，並訂出具體目標。記得每天記下做這件事的成
　績。下一週再換另一件事去做。

# 5 我做不來，是因爲……

But I Can t Because...

……什麼是點子？點子就是讓人們很晚才想到要吃早餐，或讓人們決定乾脆不吃早餐，或讓人們在用早餐時面紅耳赤、爭辯不休的那個東西……

——韋斯特（Rebecca West）

《黑羊與灰鷹》（*Black Lamb and Grey Falcon*）

這 是一本談成長的書。然而在進入正題之前，我們還要做一件事。就我個人而言，成長總會帶來一些痛苦，可能面臨到自身的痛苦，我常會找一些藉口設法逃避它們。和我一樣，你們也有各式各樣的藉口。為讓讀者心無旁騖地閱讀本書以下各章節內容，我認為有必要讓大家瞭解，哪些是人們最常拿來作為迴避當技術領導者的藉口，免得掉入痛苦的深淵。

## 我不是經理人

人們對領導技能的迷思，其中最普遍，也是最有害的一個，恐怕是：大多數人都誤以為只有領導者（Leaders）才具備領導能力。英文大寫字體 L 開頭的「Leaders」，這個字還讓人們認定，只有某些被上級「賦予」領導者地位的人，才是領導者，才能做領導者的事。就在此刻，我看著麥考比（Michael Maccoby）所寫《領導者》（*The Leaders*）這本書的封面。這樣的書名，讀者可能會以為這本書將介紹各式各樣的領導者。事實不然，這本書談的是經理人，也就是被組織賦予領導者地位的人。該書副標題為《美式管理新貌》（*The New Face for American Management*）。

只有在威脅利誘模型下，領導技能和管理技能才是同義詞。事實上，就人數來說，有潛力的領導者要比真正的領導者多得多。一如領導者，潛在領導者（leaders）也需要特別培養與問題解決有關的領導技能。如果你以為只有被賦予領導者地位的人才需要培養領導技能，就很難成為問題解決型領導者。你可能被冠上「小組召集人」（Group Leader）的頭銜，實際上

卻不是扮演領導者的角色；或者，你可能沒有任何頭銜，卻能讓小組透過不同於以往的方式有效運作。

這使我想起一個很有趣的小故事。從前鄉下有一個無知識的人，他的一只古董手錶的指針不走了。他撬開手錶後面的蓋子，發現一隻死蟑螂，嘆道：「難怪手錶指針不走了，原來是經理人死了。」

有機模型理論告訴我們，任何一個工作群體都是一個系統；倘若打散某個系統，再給予每一個被打散部分一個頭銜，實無助於我們正確認識這個系統。舉一個技術領域的例子來說明，某程式設計師撰寫了一套作業系統程式，卻發現實際運作時，若工作量超過每分鐘均量，該作業系統效率即明顯下降。假設該設計師的上司指示道：「換掉沒有效率的那個模組，系統就可以跑快一點。」這樣做顯然不能解決問題，設計師撰寫的是一套作業系統，系統運轉變慢肇因於工作量大，不同模組之間的互動受到影響，而非個別模組運轉無效率。

作業系統發生問題時，沒有多少軟體經理人會產生上述那種誤解。然而一碰到由人構成的系統出問題時，許多人卻犯同樣的毛病。例如經理人看到某工作團隊成效不彰，可能會遽下這樣的決定：撤換那個領導不力的人，該團隊工作效率將立即提升。這種心態如同把一隻活蹦亂跳的蟑螂放進古董手錶裡，就期望它的指針立刻轉動一樣。

人們之所以會有這種誤謬的想法，有時是因為系統是線性的。以手錶這種機械式系統為例，我們很容易找到故障的零件。作業系統比手錶複雜得多，但多花一點工夫，我們仍有可能找到出問題的模組，重寫該模組的程式後，系統運轉效率立

刻顯著提升。新手設計師從這個角度思考，找到出問題的模組，重寫程式後，系統運轉效率提升，這種經驗重複兩、三次之後，此人可能會認為，系統出問題，一定是某個模組的問題。但長期下來，累積豐富經驗之後，老手通常不會再有這種誤謬的想法。

工作群體的道理亦同，經理人卻很難改變既有觀念。有時，換掉一個人的確會讓工作效率明顯提升或下降，但並非每次都如此。不少經理人常對換人後工作效率未產生明顯改變的現象視而不見。長期下來，他們卻總是選擇性記得一些個人英雄式的事蹟。

我們不應苛責經理人，因為我們自己有時也在做同樣的事：倘若某些東西不符合我們偏好的模型，我們會選擇性忘記它們。自古以來，所有經理人最喜歡的模型是什麼？嗯，這就像你去問手錶的主發條，一只手錶最不可或缺的要素是什麼，答案是一樣的。

如果你去問一名指定（appointed）領導者，一個組織裡最不可或缺的要素是什麼，你聽到以下的答覆，應該不會感到意外。

**「指定領導者是一個團體的主發條。」**

當然，這就是指定領導者的迷思。

還有另一種原因可以解釋，人們為何一直會有這樣的迷思。如果你去問汽車保養廠的師傅，你的跑車引擎為何會發出如此恐怖的聲音，你得到的答覆多半是：「你檢查火星塞了嗎？」多年的經驗告訴修車師傅，如果不是其他方面的毛病，

多半是火星塞出了問題。從這種角度觀察，人們很容易做出錯誤的結論：火星塞是汽車引擎最重要的零件。

同理，一個工作群體中，指定領導者最有可能犯顯而易見的錯誤，導致整個群體嚐到失敗惡果。從手錶的主發條，到汽車引擎的火星塞，人們很容易認定「最弱的」環節就是「最重要的」環節。也難怪很多人一直有此迷思：指定領導者是最重要的環節。

指定領導者為何最容易失敗？正因為太多人有此迷思，相信指定領導者是最重要的環節，才導致指定領導者容易失敗。很矛盾吧！上司相信，工作者相信，連指定領導者都相信。準此，一旦事情出差錯，所有人都會把矛頭指向指定領導者。大家認為，只要指定領導者能被導入正軌，問題就可得到解決。結果是，指定領導者承受更大的壓力，情況反而變得更糟。

工作群體若因壓力太大而失敗，罪魁禍首一定是指定領導者。即便指定領導者很努力地想要避免失敗，在危機期間，領導者仍然是眾人矚目的焦點。職是之故，指定領導者的迷思即成了一個自驗預言[1]。

一顆設計完美的引擎是沒有最弱環節的。如果火星塞真的是最弱的一環，人類就會設計出一種更優越的引擎，完全不需要火星塞，它就是柴油引擎。就算你想不出一種新設計，能夠讓你的引擎完全不需要火星塞，至少也應設計得讓火星塞更方

---

[1] 編註：自驗預言（self-fulfilling prophecy）又稱為畢馬龍效應（Pygmalion effect），是指在有目的的情境中，個人對自己（或別人對自己）所預期的表現，常在自己以後行為結果中應驗。

便車主自行更換。

　　同理，一個設計完美的工作群體，人人都擔負一部分領導任務，而非由指定領導者扛起所有責任。準此，你不需要、也不應該等著被指定去做領導者。

## 我不是當領導者的料

　　或許你真的無法想像自己是當領導者的料。我能體會你的難處。每次聽到「領導者」這個字，立刻浮現在我腦海中的，就是泰迪‧羅斯福（Teddy Roosevelt）大聲吆喝、率領騎兵攻打聖胡安山（San Juan Hill）的景象❷。泰迪的年代當然比我早得多，但因為我和泰迪的生日是同一天，因此我對他的豐功偉業特別感興趣。小時候，我就學習模仿泰迪的共好模式（gung ho approach），亦即動機式領導方法，嘗試當一名領導者。不幸的是，每當我帶頭往前衝的時候，我的同學卻意興闌珊地留在原地，只有我一人在唱獨角戲。

　　年齡漸長後，我開始研究泰迪在其生涯後期擔任美國總統

❷ **編註**：泰迪‧羅斯福在擔任美國總統之前，是海軍的助理秘書長。他在1898年辭去職務，以便專心組織一支莽騎兵，這也是美西戰爭中的第一批自願騎兵隊。美國當時因為西班牙對古巴的殖民政策問題而與西班牙發生衝突。羅斯福招收了一群牛仔、礦工、法律執行官，以及美國原住民等，讓他們加入莽騎兵。莽騎兵最為人稱道的就是他們在1898年7月1日於聖胡安山的追捕行動。就在莽騎兵的聖胡安山行動的幾天後，西班牙艦隊逃到古巴。不過幾週後戰爭就結束，而美國也取得勝利。

的作為。我發現，年歲增長的領導者，通常會習得第二種領導技能。他們不再只會一個人帶頭衝鋒陷陣，相反地，他們已懂得「組織」軍隊，到了戰場上與敵軍交鋒時，士官兵們會自動衝鋒陷陣。我試著採用這種領導風格，卻從經驗中發現，此種風格需要當事人懂得運用更複雜的動機式領導技巧，才有可能完成組織性的變革。

我沒有辦法讓自己變成泰迪‧羅斯福，這個結果可能影響我追求成為領導者的意願，也讓我質疑我心目中所有的領導者。其實，我已成為領導者了，只是我不自知罷了。那是因為我變成的領導者形象，和我認識的羅斯福的印象不同。許多人圍繞在我身邊，願意追隨我的領導，是因為我能夠幫助他們解決別人無法解決的問題。若有人問到，你們這裡是誰在領導時，我通常會這樣回答：「沒有人在領導。我們只是盡力把事情做好，解決該解決的問題。點子是誰提出來的不重要，重要的是它們是不是最好的點子。」

這既非動機式領導，亦非組織式領導，而是創新式領導，亦即新增一種有助於整個工作群體順利完成任務的新技術。熟悉了此種領導技巧，我雖然賣不出一雙女鞋，卻能售出價值數百萬美元的電腦產品。熟悉了此種領導技巧，我或許選不上自己號召組成的業餘籃球隊的隊長，我卻能帶領一個工作團隊，一手設計打造出專供太空追蹤之用的電腦網路。此一領導技巧也解釋了為何我花三十年時間，才真正認清我自己的領導能力。

像你我這種人，可能缺乏羅斯福所展現出的領袖氣質及組織能力，但也能默默地運用創新式領導技能。還有一些人也在使用此種領導技能，他們的言行舉止頗令人生厭，但他們在技

術方面的表現異常優越，足以蓋過他們的缺點。少數人甚至以做出「故意讓人不快，或至少表現出特立獨行，卻不至於失去他人對自己的支持」的行為，表示他們擁有優越的技術能力。我加入太空追蹤小組時，即開始留大鬍子，一直到今天都還是如此。那個時代在IBM工作，能夠留大鬍子而不被公司開除的人，一定是技術天才。

在IBM工作的那段日子，留鬍子可能彌補了我在激勵技能方面的欠缺，也幫助我吸引了一位以上高階主管的注意。以他們有限的技術背景，實無法找出何人最適合擔任技術領導者，因此，某些高階主管即從一些格外顯眼的外在特徵，例如留鬍子或打赤腳，作為指派誰擔任領導者的重要參考。如果你不蓄鬍，或膽子很小，也不用對成為領導者感到絕望。假如我稍為具備一些其他型態的領導技能，或許我就不需要留鬍子了。

除了須具備從創新角度思考事物，及讓鬍子從兩頰長出來的能力外，想要成為一名成功的問題解決型領導者，你還需要具備更多的能力。不管有沒有留鬍子，你至少要懂得一些激勵及組織技巧，有朝一日才有可能成為真正的問題解決型領導者。反過來說，已經懂得運用激勵或組織技巧的領導者，一旦習得少許創新領導能力，勢將如虎添翼。意思是說，不管你是否自認為是領導者的料，都能藉由學習而成為問題解決型領導者。

## 我的技術能力會退步

技術明星最難以抉擇的，就是他們擔任領導者之後，很有可能因此失去吸收最先進科技的知識。以我個人為例，為了增

進人際關係方面的技巧，我不得不犧牲一些用來吸收技術性知識的時間。直到今天，我都不知道，即使我想要的話，還能不能改變此一決定。和許多問題解決型領導者一樣，我也是從全時間投入創新工作的技術人才轉型為領導者。我一直相信，自己有一天能夠回到技術主流，但那是不可能的。

向上攀爬需要費很大的勁，但要狠下心腸來，一個人才能做出放棄攀爬的決定。大多數問題解決型領導者都是在某個單一領域嚐到第一次成功的果實，通常是一個非常專精的小領域。在其他相關領域，他們也可能解決了特定問題。但對於賴以起家的原始領域，他們總有一種難以割捨的感情。最近一週內，我拜訪了兩位主管，一位是一家大型軟體服務公司主管，另一位是一家電腦製造商的研究部門主管。兩人在公司裡都有一間很不錯的角落辦公室，裡面有一張沙發，一張咖啡桌，上面很整齊地擺放一些文件與雜誌。公司都幫他們訂了《財星》雜誌（*Fortune*）與《華爾街日報》（*The Wall Street Journal*）。但他們有自己的雜誌，其中一人訂了兩份關於計算數學（numerical mathematics）的雜誌，另一人訂了三份關於高能物理學（high energy physics）的期刊。我認為他們根本沒有時間翻閱那些技術類雜誌，但我並未提出這樣的問題，因為那樣做很不禮貌。

其實他們有沒有讀那些專業雜誌並不重要，他們是不是原始領域的超級明星，甚至更加不重要。這兩人已從個人專業領域更上一層樓，成為專精眾多技術領域的通才。他們可以和來自數十種不同領域的技術專家談事情，也可以輕易分別真偽。他們目前職位所需要的，正是這一類技術技能。從MOI（動機、組織與創新）的術語來說，他們已從一視同仁地兼顧三要

素的境界，演進到讓動機能力與組織技能獲得大幅提升，但犧牲一部分創新技能的境界。這是非做不可的一個取捨決定，或許是技術明星一生中最難做的一個抉擇。

# 我將面臨極大成長危機

即便就職業生涯來說，前述兩位主管做了完美的取捨決定，我還是不願意在書中提及他們的名字。我的想法是，如果他們得知有一本書提及他們的不是，或從未成為某個技術領域的超級明星，心裡一定會很難過。對於問題解決型領導者來說，在任何一個轉化階段，純粹創新型領導者依然是文化英雄。

我知道我必須很痛苦地承認，我的技術技能已不比從前了。我或許累積了一些財富，身材發福，也有一點名氣，但午夜夢迴，我常想要再年輕一次，帶著我的「水星監視系統專案小組」（Project Mercury Monitor System）的成員，一同找出最近老是讓系統運轉不順的臭蟲，達成讓他人欽羨不已的成就。有時，當我覺得自身技術能力真的力不從心時，我發誓，若非受環境所逼，我再也不要做任何改變了。

不要誤會我的意思。除非受到環境的逼迫，慢一點改變並非壞事。除非你想要追求某個特定目標，否則我們不能說，哪一種領導風格一定優於其他種類的領導風格。倘若你未設定某個特定目標，或已功成名就，千萬不要因為他人的要求而改變你既有的領導風格。這樣做會讓你非常不快樂，尤其你必須以此為晉升上司職位的手段。再提醒一次，你不需要爭取成為上司，就可以當一位領導者。

所有人都有其獨特的領導風格，你也不例外，儘管有些人目前的MOI三要素分數都很低。在職業生涯的任何一個階段，你都可以決定固守本業，如此可避免痛苦。例如家父選擇專攻撞球，我選擇專攻彈珠台。我的模型清楚告訴我，我必須放棄當一名玩電視遊樂器高手的想法，因此目前我還不需要努力學習玩電視遊樂器。一如我當程式設計師的成就太出色了，以至於無需學習成為一名有效領導者。同樣地，我玩彈珠台的技巧太高明了，因此無需去學習玩電視遊樂器。毫無疑問的，除非最後一台彈珠台被搬到博物館封存起來，我蔑視電視遊樂器的態度是不會改變的。到了那個時候，我將再度面臨成長危機。

## 我不需要那麼多權力

如今我們已曉得，問題解決型領導風格並非高科技環境的專利。此種領導風格最先出現於高科技情境是事實，但那是因為技術點子引爆巨大經濟力量，讓人產生深刻印象所致。須知，高科技絕非唯一能產生強大力量點子的領域，而經濟力量也不是唯一值得深入探討的力量。時至今日，我們已瞭解，技術領導者不過是眾多問題解決型領導者其中的一種。

處在今日以金錢掛帥的高科技社會，人們很容易忘記最根本的東西，對於最明顯的事物也很容易視而不見。最初開設問題解決型領導風格的課程時，我們招生的對象僅限於極少數高科技經理人，班數也很少。結果不斷有學員告訴我們，他們可將技術領導風格套用到日常生活中許多非技術領域，我們才瞭解，我們所發現的，其實是一個非常根本的東西。我們甚至注

意到一件事，在開辦研討會教導領導技能之際，我們本身的領導風格也跟著改變了。

令人好奇的是，自從發現問題解決型領導風格可應用於眾多情境時，我開始擔心，我們是否只讓少數人握有太多權力。讓人更感好奇的是，某些學員也對他們自己產生相同的質疑。他們有時會說：「我們不要這麼大的權力。」

不久的將來，這個世界將由採用不同風格的領導者左右大局嗎？我很懷疑。在我們這個社會，技術領導者握有巨大力量，但他們既非魔鬼，也非神祇。他們是普通人，只是恰好懂得運用能夠有效解決問題的方法，而此種方法係經由創新型領導技能發展而成。值得注意的是，即便是其他不具技術背景的普通人，一旦習得如何善用此種方法的諸要素，也能夠讓自己，乃至於幫助他人成為有效的問題解決型領導者。

在可預見的未來，這個社會仍將充斥著散發魅力的宗教領袖、冷血無情的軍事將領，以及玩弄權謀的奸猾政客。或許問題解決型領導者仍將一如以往，持續透過科技對社會帶來巨大衝擊。或許他們將在我們每一個人心中播下創意種子，藉由這些種子告訴世人，這個世界的確是有更好的運作方法。

果真如此，我們即可從許多新的領導技能中，仔細挑選最適合的一種。威脅利誘模型告訴我們，改變是由上而下的，但我的經驗指出，改變乃從我們決定要吃什麼樣的早餐啟動的。更何況，除了進入大型組織討生活，我們還有很多剩餘時間要過自己的生活。讀者可學習將這種較低調的領導技能，逐漸應用於處理日常生活的各種問題，讓自己更自由，甚至幫助自己追求更幸福的人生。

1. 你知道何人具備你特別欽羨的領導風格嗎？試著用MOI模型的術語，為此人撰寫一份簡短的傳記，描述其職業生涯的各種經歷。可能的話，安排時間訪問此人，以檢視你的認知是否正確。

2. 你上一次針對職業生涯做重大改變，到現在有多久的時間了？在整個過程當中，令你印象最深刻的事情或感受是什麼？

3. 最近一次你熟識的人做了重大職業改變，你的反應為何？你有沒有藉此機會想到自身處境？

4. 你過去所做的所有職業改變，有無迄今仍感遺憾之處？有無迄今仍然不敢對他人承認有不妥的決定？有無迄今仍然不敢對自己承認有不妥的決定？這些決定迄今仍然讓你感到無法釋懷嗎？為什麼？

5. 你記得人生中需要做的第一個重要職業決策的轉捩點嗎？你至今仍記得當時的感覺嗎？當時你是否不敢採取行動？後來證明當時你的擔心正確嗎？值得你當時如此擔心嗎？

6. 面對下一個重要決策轉捩點，你做何決定？檢視可採行的各個選項，你有何反應？你腦子裡浮現哪些訊息？

7. 你曾擔任過指定領導者嗎？你的屬下是否開始認定，身為領導者的你應去處理一些事情，而這些事情其實交由他們處理一點困難都沒有？你如何處理這種情況？你是否太在意新身分，執意嘗試自己處理，卻不授權原本就該為這些事情負責的人去做？你的行動對屬下此後就你擔任領導者的看法產生何種影響？

8. 下次有機會被安排擔任特定工作團隊的指定領導者時，你不妨事先列出一些屬下認定領導者應提出更好點子的情境，但你應學習行使領導技能，改變屬下想法，鼓勵他們自己來。持續努力這樣做，至少要做到十項。

9. 你是否有這樣的經驗，身為指定領導者，你自認為是所屬工作團隊中不可或缺的角色？你不在時，你的團隊成員如何因應？你永久離開該團隊，他們如何因應？你的工作團隊實際運作時，是否曾出現某種自驗預言？

10. 就你服務過的工作團隊來說，身為指定領導者，你的身分發揮了多大影響力？你提出的創意點子發揮了多少影響力？屬下提出創意點子，你將它們發揚光大，又發揮了多少影響力？你對過去的做法感到滿意嗎？

11. 明天起床後，試著改掉一成不變的早餐內容，並留意當天發生什麼樣的改變。

12. 接下來的兩週，根據每一天對事情的不同看法，例如少一點或多一點卡路里、準備食物所需時間長短、有益身體健康的程度、影響跟家人互動的機會、食物外觀是否吸引人、晚半小時吃、提早半小時吃、在不同地方用餐、用不同烹調器具準備早餐、以熱食取代冷食、多喝一點飲料或少喝一點飲料等等，嘗試改變你的早餐。如有任何改變，一一記錄下來，並在兩週後作一彙總報告。

13. 從明天起，改變你和某些經常碰面的人的互動方法，並試著改進你的人際互動技巧。請留意這樣做會產生何種結果。

技術明星是創新者，他們當初就是因為在創新方面的表現非常傑出，才能夠成為技術明星。但他們做為一名個別創新者的傑出表現，常有礙於他們習得所需的領導技能，因此難以攀上下一個高原期。如果不瞭解自己的創新過程，一旦被賦予領導者的責任，這些技術明星很可能會使不上力，覺得自己根本帶不動屬下。此外，如果不瞭解創新的來源，這些技術明星在嘗試努力創新之際，可能會破壞原本有助於孕育創意的環境，破壞他人的創新意願。

包括你我在內，每一個人在追求創新時都會碰到一些主要障礙。我們將利用本篇各章內容深入探討這些主要障礙，同時研究該如何克服它們。

# 6 創新過程面臨的三大障礙
The Three Great Obstacles to Innovation

　　甚至在孩提時期,她就像少數已學會優遊自得的大人一樣,隨時發揮創意,懂得享受生活樂趣。她在做這些事情的時候,常自言自語道:「現在我是在做這件事,現在我是在做那件事。」參與任何事情,她都用心觀察。

——愛得娜・費勃(Edna Ferber)

《*So Big*》❶

---

❶ 編註:費勃為美國小說家,《*So Big*》獲 1925 年普立茲文學獎。

不要談太多的理論，我想要問的是：你現在的作為有助或有礙於你發揮創意？新領導模型對你真的有助益，或，它僅僅像是最新流行的減肥食譜，一陣熱潮過了就立刻失效了？減肥其實就是一種最簡單的均衡理論：吃進多少熱量，想辦法全部消耗掉就對了。若真正實踐了此一均衡理論，我就不應該還挺著這麼大的一個啤酒肚。

　　空談理論的結果就是如此。我可以提供各式各樣的理論，讓你學習如何發展問題解決及領導方面的能力，但光知道那麼多的理論，你仍有可能只是在原地踏步，毫無進展。本章將探討人們在追求成為問題解決型領導者的過程中，最常遇見哪些障礙。我以個人經驗作為本章的開場白：有時我真的不知道我的體重為何一直有增無減。

## 你知道你吃了哪些甜點嗎？

　　讓自己維持良好身材非常重要，因為人們不僅注意你所說的，更關心你所做的。身為企管顧問，本應幫助客戶建立合理化的組織，但如果我自己都沒有鍛鍊出一個合理化的身材，這不是很不好的示範嗎？

　　我們曾接過一個案子，丹妮和我必須找出造成客戶公司生產力不斷下降的原因。我們開始密集觀察可能的問題點，同時約訪相關人員。經過一整天的工作，系統分析部門主管雪莉邀請丹妮和我到她家用晚餐。

　　雪莉和她的丈夫哈里森育有三子。他們住在一個很不錯的熱鬧社區，這個環境和雪莉的氣質似乎還蠻相配的。晚餐前，

我偷開雪莉家的冰箱，想要找東西解饞。我很驚訝地發現，有確切證據顯示，雪莉正在嚴格實行體重控制計劃。冰箱裡面有低熱量食物，門上貼著熱量表，冰箱上端還擺了一盒食慾抑制劑。雪莉準備晚餐的時候，順便閒聊讓我們感到很困擾的話題。

我說道：「我的新陳代謝功能一定有問題。」

「我也是。我以前一直無法克服吃甜食的誘惑，現在我已經能夠做到自我節制，但體重還是沒有辦法往下降。」

「也許是外食的緣故。你知道嗎？丹妮和哈里森已答應小朋友，等一下用完晚餐要到雙聖餐廳吃冰淇淋。我情願待在家裡，我實在無法抗拒雙聖的冰淇淋。」

雪莉很驕傲地說：「嗯，我能抗拒。我只要點一杯咖啡。」

我接道：「或許晚餐吃飽一點，我就不會想要吃甜食了。」但我說話的語氣聽起來實在不怎麼堅定。

到了飯桌上，我還是飽餐了一頓。之後大夥兒去雙聖餐廳，我仍然抗拒不了誘惑，點了一客覆盆子冰果汁來喝。丹妮點了一小客聖代，哈里森點了一大客香蕉船，年紀較大的兩個男孩各點了一客兒童聖代，年齡最小的男孩點了一客巧克力碎片甜筒冰淇淋。只有雪莉能夠抗拒誘惑，她理直氣壯地要了一杯咖啡。然而我注意到雪莉不僅在咖啡裡加了奶精，也加了糖。

小名叫作巴弟的老么，他的甜筒冰淇淋送來時，雪莉似乎非常擔心冰淇淋可能會整塊掉下來或滴到桌上，於是嚷著道：「我來把冰淇淋修平整一點。」她開始東弄弄，西弄弄，結果

冰淇淋只剩下原來的一半。不知怎麼搞的，被刮下來的冰淇淋
碎塊，最後通通進到雪莉的肚子。

　　同時，哈里森挖了一些香蕉船裡的冰淇淋給雪莉「嚐
嚐」。雪莉說：「我只嚐一點點就好。」但她堅持品嚐三種口
味都很好吃的冰淇淋、三種糖漿、覆蓋在香蕉船上的發泡奶
油、一小塊香蕉，以及兩顆櫻桃。不一會兒，香蕉船的盤子已
被雪莉拉近到停留在她夫婦倆中間的位置，雪莉繼續用她的小
調羹去挖盤子裡的剩餘物資。

　　雪莉也主動品嚐其他兩個小朋友點的聖代，堂而皇之地吃
掉他們不愛吃的部分。為稀釋剛吃進去這麼多的東西，雪莉續
了一杯咖啡，以及伴隨著這杯咖啡的奶精及糖。不知是怎麼一
回事，雪莉似乎含了一顆食物磁鐵，把掉落到餐桌上的食物碎
渣，全部吸到嘴裡，而雪莉看起來毫無抵抗能力。我也不自覺
地想要倒一些覆盆子冰果汁給雪莉，但她一直忙著搶食被用來
裝飾冰品的小餅乾。

　　夜色已深，把小孩哄入睡後，我們四個大人圍坐在一起，
很開心地閒話家常。到了十一點鐘左右，雪莉問有沒有人肚子
餓了？大家都說不餓，雪莉仍然溜進廚房。她回來時手上端著
一盤食物，裡面有起士、水果及一些堅果，然後自言自語地說
道：「你們男士吃了冰淇淋，我都沒有吃到。」

　　我接口道：「你有吃啊。」我立刻後悔說了這句話。

　　雪莉用困惑的表情看著我說道：「我沒有。你不記得了
嗎？我並沒有點冰淇淋，我只點了咖啡。」的確，她沒有點冰
淇淋。但難道她不知道，她吃進肚子裡的甜點，至少是當時在
座任何一個人所吃甜點兩倍的量？

## 最大障礙：當局者迷

對許多人來說，工作就像雪莉吃東西一樣。他們浪費很多時間鑽牛角尖；電話一打就停不了；經常和人做無謂的爭辯，結果一事無成，卻不知道原因為何。以寫小說為例，許多作家好不容易起了一個頭，卻總覺得不夠好，而一再重起爐灶，或一直呆坐在書桌前，一個字也想不出來。又，不少程式設計師總喜歡找一些已偏離主題的事和人爭辯不休，拚了老命也要解決一個自己可能有盲點的小毛病，卻忘了應該去請更有經驗的人來處理。

我知道有不少人也在做同樣的事（丹妮和我經常觀察這種人），但我確信自己不會做這種事──更確切地說，不常做這種事。但如果我做了，我會記得嗎？

事實上，一如雪莉不記得自己吃了多少甜食，同樣我也不記得自己做了哪些蠢事。和其他人一樣，我也是當局者迷，無法看清自己做了什麼事，尤其看不清楚自己做的那些最無意義的事。

每當我注意到某人在做自己未意識到的事，例如雪莉不自覺地猛吃甜食時，我就會提高警覺心。這種情形通常可維持數天之久。在這段期間，我會減少吃甜食，體重跟著稍微下降。但我很快就會忘了這回事，體重又開始回升。我需要的是一位諮詢師，這個人能夠隨時注意我把什麼東西吃下肚，然後把我無法察覺到的情況告訴我。這個道理也適用於每一個人。惟有透過他人的觀察，才能讓我們清楚瞭解自己。

當局者迷是阻礙人們自我改進的最大障礙。大多數有可能

成為問題解決型領導者的人都過不了這一關。為克服此一難關，潛在領導者必須尋求外人幫忙。和某人約好互相觀察對方的一言一行，或許是克服此種障礙最好的方法。惟需要雙方細心呵護，且需要投入一段時間，才有可能和他人建立這種互相觀察的關係。

　　一旦決定要這樣做，切記這是一種雙向關係。不管你自認為你的建言對他人多麼有幫助，都不要像我一樣，自作主張決定觀察雪莉猛吃甜食。還好雪莉為人和善，沒有當面飽我一拳。

　　即便有人請你幫忙觀察其行為，也不見得想要聽你說出全部的真話。我曾要求丹妮幫忙觀察我是如何吃東西的。身為一名人類學家，丹妮真是觀察入微——事實上，她觀察得太入微了，幾乎導致我們倆婚姻破裂。從早到晚被人監視的感覺實在不怎麼有趣。因此，不管你做什麼，千萬別找另一半當旁觀者清的那個人。


## 第二大障礙：沒問題症候群

　　那次拜訪雪莉家，行程中我碰到另一個有礙人們變成有效問題解決型領導者的障礙。我把此種障礙稱為「沒問題症候群」（No-Problem Syndrome）。應「資料處理管理協會」之邀，我到該協會位於沙加緬度（Sacramento）的分會作了一場演講。我以個人二十五年前初次造訪沙加緬度的經歷作為開場白。當時，我收到IBM公司的錄取通知，以新進人員身分到沙加緬度分公司報到。那次經歷令我永生難忘。

其時，加州州議會剛通過一項法案，允許字母及數字同時出現在車牌上。反對者認為，某些字母組合起來會帶有侮辱性的意思。支持該法案的人允諾將過濾掉所有不妥的組合，但未訂出確切的實行計劃。有人說，這個工作不妨交給電腦去做，應可省掉大量人工作業時間。他們因此找上IBM，而我就是負責做這件工作的人。

當時，我以一名初出茅廬IBM人的身分，正全副武裝、磨刀霍霍地準備用一流電腦程式過濾掉髒話，讓這個世界變得更加純淨。不幸的是，機動車輛監理處卻開出讓我無法完成既定任務的三個條件：

1. 某些「帶有侮辱性意思」的字眼，英文原文不是那個意思，但看起來像帶有侮辱性的英文原文。為瞭解將來是否會出現這類問題，應將人們常用的髒話去掉其中一個字母。在某些場合，去掉一個字所組成的新字或許不帶有侮辱性的意思，到了其他場合，它們卻和其英文原文一樣，帶有侮辱性的意思。

2. 加州有許多不同族群，各操不同的語言。新設計的電腦程式，必須能過濾所有可能帶有侮辱性意思的文字，包括西班牙文、中文、希伯來文、意第緒文❷、希臘文、法文、亞美尼亞文❸，還有一些我已記不起來的語言。

---

❷ 譯註：Yiddish，德語中混入斯拉夫語、希伯來語，以希伯來文字書寫，為居住在美國的猶太人所使用。

❸ 譯註：Armenia，蘇聯共和國之一，位於伊朗西北部的人所使用之語言。

3. 我們尚須考慮其他各種可能性，例如將來可能有某個操某種特殊語言的人造訪加州，車牌文字也不能讓此人覺得自己受到侮辱。

　　我把所有的人全部召集來，詳細說明監理處提出的要求，讓大家瞭解這是一個難以解決的問題。接下來，我請大家好好研究該如何解決此一問題。我在會議室裡走來走去，觀察大家解決問題的情形。我發現一個人大剌剌地坐在椅子上，兩隻手臂緊緊交疊在胸前。

　　我問他道：「你做完了嗎？」

　　他答道：「沒有，我沒有在做這件事。我為什麼要浪費我的時間呢？你為什麼不快一點把你想要讓我們知道的答案告訴我們呢？」

　　我答道：「我不能告訴你，因為我想要讓你去感受嘗試解決這類困難問題所遇到的挫折感。直接告訴你答案，你就不會有這種經驗了。」

　　他反擊道：「你還是告訴我吧，因為我可以解決你給我的任何問題。事實上，你提出的『無法解決的』車牌問題根本微不足道。」

　　「微不足道？」我問道。

　　「當然。拜現代科技之賜，再來一部大辭典，問題即迎刃而解。你把車主提出來想要用在車牌上的文字組合，在辭典上一查，就可以過濾掉可能的不雅文字組合。這根本不成問題。」

　　我第一個直覺是想要和他爭辯。我可以請教他如何編一本

專門收錄尚未被創造出來的新辭彙的辭典。或問他，如果有了一部髒話辭典，又何必費時去撰寫電腦程式呢？後來我才瞭解，這個可憐的傢伙罹患了簡稱為NPS的「沒問題症候群」，而且病得不輕。我曾罹患過相同病症，因此對這個可憐的傢伙寄予無限同情。面對此一病情嚴重患者的挑釁行為，我沒有反擊，只是笑了笑就走開了。

或許讀者從未聽過NPS？我並沒有向神經生理學專家請教過NPS是什麼玩意兒，但它似乎是在描述這樣一種情況：一個人的耳朵無法將所聽到的訊息正確傳達到腦部。具體言之，有些人接收到訊息，卻一律採用與解決問題不相干的制式回應。某甲提出一個惱人的問題，某乙卻冷冷地答道：「沒問題。」

NPS不同於耳聾。事實上，聾子不會罹患NPS，因為你一定要聽到「問題」這個關鍵字，才有可能充耳不聞，成為罹患NPS的人。有些人一聽到這個關鍵字，就會進入NPS第一期，亦即選擇性的耳聾。到了第二期，當事人通常會立即主動提供自己偏愛的解決方案，有時甚至會插話，對方因而無法完整描述問題內容。我的叔叔麥克斯即患有NPS，他最偏愛的方法就是要求公立學校恢復體罰，一如他在家體罰自己小孩一樣。他認為經濟不景氣，是因為學校不再體罰小孩。取消體罰也是造成犯罪率上升或氣候變壞的原因。

和大多數小孩一樣，我一直無法體會罹患NPS的痛苦。我以前常譏笑叔叔，從未想過NPS可能會遺傳給下一代。由於我沒有自知之明，一直到頭一次造訪沙加緬度，我才得知此一令我悲痛的消息：我也得了NPS！

當我嘗試解決車牌問題時，這個可怕的祕密才被揭露開

來。機動車輛監理處的人提出需求條件，但很明顯的，他們說的話並未烙印到我的腦中。他們還沒有把問題說完，我已經迫不及待地告訴他們這不成問題。我還沒有瞭解實際問題內容是什麼時，已經想要撰寫一套解決問題的程式了。

你可以想像，當一群公務員退回一名年輕IBM人所提出的所有解決方案時，對他的打擊有多大。反之，你也可以想像，當一名年輕IBM人在還沒有聽完相關需求條件時，就自信滿滿地說這不成問題時，對這些公務員的打擊有多大。罹患NPS已經夠糟糕了，和NPS患者打交道可能更悲慘。

我以前總認為，電腦會發出一種能破壞人類神經的高頻聲音，因為似乎有相當高比例的電腦專業人員罹患了NPS。電腦專業人員一聽到「問題」及「電腦」出現在同一個句子裡時，立即展開一場讓麥克斯叔叔都會感到羞愧的爭論。而此類爭論總是以「這不成問題」作為開場白。

年齡漸長後的我卻發現，電腦實非造成人們罹患NPS的原因。或許是產業變遷速度太快，使得人們無暇關切自己在做什麼。再者，我也注意到，許多從事高科技業的人都罹患了NPS，因此電腦並非罪魁禍首。最後，許多從事傳統產業的人，甚至未從事任何行業的人，也罹患了NPS。

隨著年紀漸增，我的NPS症狀便逐漸減輕。這或許表示，只有在電腦業發展初期時，此一問題比較明顯。但除了時間外，我實在不曉得還有其他任何方法可以有效治療NPS。我很想幫助那些一直為NPS所苦的靈魂，但痛苦經驗告訴我，到斯里蘭卡幫助痲瘋病患者治癒的成功機率更高。

想要找他人幫忙解決問題的人，最好知道NPS有其潛在危

險。由於這種病是無法治癒的，因此人們最好知道該如何保護自己。以下是我建議採行的四步驟，可幫助人們及早偵測到何人罹患了NPS：

1. 你向某人描述一個非常難以解決的問題。
2. 對方的答覆是：「沒問題！」
3. 你說：「哇喔，那太好了！能否請你告訴我，你要解決的問題是什麼？」
4a. 如果對方照你的要求把問題描述出來，甚至說錯了，都不表示此人罹患了NPS。實際上，這表示此人是個熱心人士。
4b. 如果對方未照你的要求描述問題，反而直接提出解決方案，很不幸的是，此人已罹患了NPS。最有禮貌的做法是微笑以對，然後快步離開現場。

有時，上述四步驟偵測法可用來作自我診斷，但如果一個人已病入膏肓的話，此偵測法也將無計可施。想要知道自己是否罹患NPS，你必須聽到自己說「沒問題」，或至少在自己尚未確切瞭解對方所提問題之前，即聽到自己提出解決方案。但很不幸的，已到NPS末期的患者不僅聽不清楚他人說些什麼，甚至完全聽不到自己說了什麼話。NPS末期患者眼也瞎了，耳也聾了。

## 第三大障礙：單一解決方案

我們可以將NPS描述為一種信念，亦即一個人對本身所知

是深信不疑的。此一定義讓我們清楚瞭解，為何NPS是阻礙人們成為創新領導者的第二大障礙。中國人有一句話說得好，「知之為知之，不知為不知，是知也。❹」。如果你已無所不知，怎能吸收新知呢？

　　儘管不應相信自己無所不知，然而一個虛懷若谷的心，確實有助於人們吸收更多新知。沒有人否認，一流的問題解決型領導者應該具備一定的聰明才智，然而欠缺聰明才智卻非三大障礙之一。我們都知道，在現實世界中，許多智商很高的人並不擅長解決問題。心理學家用來確認何人具備「聰明才智」的步驟，或許應受到更嚴格的檢驗。

　　最近，Mensa在某科學雜誌開闢了一個叫作「腦筋急轉彎」（Mind Benders）的專欄。Mensa是一個機構，成員全部都是參加標準智力測驗獲得前百分之二高分的人。「腦筋急轉彎」曾經出了兩道題目，看完這兩題，我的腦筋卻未按Mensa預期的方向轉彎。

1. 我辦公室所有祕書的年齡都不到21歲。我辦公室所有年輕女士都很漂亮。我的祕書有一頭長長的金髮，眼珠是藍色的。
   根據以上資訊，以下句子何者是正確的？
   (a)我祕書還不到21歲。
   (b)我祕書是一名年輕漂亮的女士。

---

❹ **編註**：收錄在《論語・為政》篇。孔子主張，對不知道的事物都要採取存而不論的態度。

(c)以上皆非。

(d)前兩者皆正確。

2. 某塊土地上聚集了一些人及馬匹，總共有26顆頭及82隻腳（或蹄）。請問這裡有多少人？有多少匹馬？

答案是：

1. 「正確」答案是：(a)我祕書還不到21歲。原題目設下的陷阱為假設所有祕書都是女性，因題目中並沒有這樣的陳述。但我祕書在我辦公室這個假設又怎麼說呢？一如題目中並沒有說明所有祕書都是女性，同樣地，題目中也沒有說明我祕書在我辦公室呀！根據不同的假設，四個答案都有可能。儘管我未僱用過男祕書，卻經歷過祕書在另一個辦公室，甚至在另一個城市的情形。難道這就證明我的聰明才智低於出這個題目的心理學家嗎？

2. 如果你假設每匹馬有四條腿，每個人有兩隻腳的話，用簡單代數可得出15匹馬與11個人的正確答案。姑且不論馬有幾條腿，我看了「退伍軍人節」（Veteran Day）的一場遊行後，才做了這個題目。在我來看，這個題目的另一個可能答案是16匹馬與10個人，其中一人是沒有雙腿的退伍軍人。當然，如果你不是心理學家的話，沿著這條線還可得出更多可能答案。

稍微有一點聰明才智的人做完類似這樣的題目，相信都會有相同的挫折感：明知還有一些不一樣的答案，但你清楚知

道，心理學家只希望你說出一個標準答案，而且不能發問。如果有人把這類問題放在雜誌裡，增加閱讀趣味，甚至把它們當成Mensa的入會測驗，都不是什麼壞事。

不幸的是，許多手中握有大權的心理學專家，卻以之作為大學入學測驗的一環、求職測驗的一部分，或轉換職涯跑道的重要參考。在他們的把關下，人們無法得到自己想要的東西。這些心理學專家所建立的理論是毋庸置疑的。

心理學領域可能是有史以來最自以為是的一種職業。第一章已討論過，心理學領域有一個堅定不移的信念：每一個問題只能有一個正確解答；心理學家都知道這一點。不論是老鼠走迷宮或人類接受測驗，此一信念均應用得上，而且無需修改。接受實驗的老鼠只要對心理學家設計的迷宮產生一丁點懷疑，跑得比較慢一點，就會被貼上「智商較低」的標籤。對我來說，凡未對心理學家設計的實驗存疑的人，這種人的智商都比較低。

心理學家堅定不移的信念，足以對實驗室裡的老鼠及受測個人造成傷害，該信念對整個社會所形成深遠的影響，其傷害性可能更嚴重。學校及僱主不吝於獎勵一部分恰好和心理學家有相同思考模式的學生及員工。於是乎，人們要不就是努力學習標準思考模式，要不就是變成被排斥的一群。經年累月下來，人們碰到需要解決問題的情境時，幾乎認定只有一種解決方法，這個方法一出現，他們就知道就是它了，跑也跑不掉。

對一個有可能成為問題解決型領導者的人來說，相信此一信念已變成一種症候群，它不僅弱化潛在領導者的能力，也是讓一個人無法成為一流問題解決型領導者的第三大障礙。事實

上，許多設計師都感染了此一症候群。他們幾乎從不費神去想還有其他幾種不一樣的設計。除了根據本身直覺從事設計外，他們甚至懶得花時間去測試其他的設計。感染此一症候群的程式人員也一樣，若碰到從未見過、無法用標準解答來處理的毛病時，這些程式人員是完全束手無策的。至於感染此一症候群的經理人，他們的表現和心理學家相若。經理人把任務交付給屬下，期望屬下用唯一正確的方法完成該任務。要不了多久，他們就會創造出和自己一模一樣的下一代。

## 摘要

上述三大創新障礙值得用摘要形式再複述一遍：

1. 當局者迷，看不見自身行為，因而沒有機會改變自我。
2. 沒問題症候群，相信自己知道所有問題的答案。
3. 篤信心理學的中心思想，無法看到其他解決方案，甚至無需他人幫助即可自行想出的方法也看不到。

受到這些根深蒂固障礙的影響，許多人因而活在封閉的世界裡，很難讓自己提升到更高境界。舉例來說，罹患當局者迷症候群的人看到這份清單，頻頻點頭稱是，因為他們相信別人才是當局者迷。罹患NPS的人甚至懶得瞧一眼這份清單。至於篤信心理學中心思想的人，早就認定自己已踏上成功之途，而且那是唯一正確的一條路。

既然如此，我們乾脆放棄這三種人，而將力量集中於還有希望的人身上，也就是你們這批從事創意工作，卻懂得享受其

中雙重樂趣的人。你們喜歡觀察自己從事的工作，也會在觀察過程中自得其樂。在接下來的章節，我將提出個人建議，幫助讀者跨越其他一些較易克服的障礙，讓你們在追求創新的過程當中，變成真正有效的領導者。

## 自我檢核表

1. 搞清楚自己吃了哪些甜食，有助於人們意識到並正視自身健康的問題。你關心自身健康的態度，有無影響你的領導風格？你覺得目前的身體狀況如何？以你目前的身體狀況，有無影響你領導他人的成果？

2. 身體不健康不僅有礙於創新工作，甚至有礙於一個人做的所有大小事。你個人的長期健康情形，對職業生涯的影響為何？你預估自己未來的身體狀況為何？如果你認為這個問題很難回答，你認為是什麼因素讓你覺得身體健康不在自己的掌控之下？你用什麼方法維持身體健康？這樣做對你未來職業生涯有何影響？

3. 答覆前兩個問題時，你有沒有回答說你的健康「沒問題」？你有因此重新認識自己嗎？

4. 你知道自己的智商分數嗎？你肯讓他人知道你的智商分數嗎？知道自己的智商分數有無影響你的領導能力？如何影響？

5. 你喜歡接受各種測驗嗎？如果你知道做某種測驗成績一定很不錯，你會去做嗎？如果知道成績會很差，你會去做嗎？如果非做不可，卻一直搞不清楚自己做得如何，你會去做這種測驗嗎？問這些問題對一個人的領導風格有何關

連性？

6.找一些多選一的機智問答試題，用不同於傳統的方法回答它們：逐一檢視每一個答案，分別為它們找出很好的理由，讓它們成為說得通的答案，而不要從中挑選一個正確答案。

7.以後碰到開會，與會者針對特定問題提出數種不同想法時，試著用答覆前一個題目的方法，鼓勵與會者為不同想法找很好的理由，讓它們成為說得通的解決方案，並至少增提一個額外想法。

# 7 培養自知之明的工具
A Tool for Developing Self-Awareness

問：「換一個燈泡需要多少名精神科醫生？」
答：「如果燈泡真的壞了，只需要一名精神科醫生。」

前一章介紹的創新三大障礙，其威力真的大到難以克服嗎？對某些人來說確實如此。對一心想要改進的人來說，他們還是有希望的。我敢說這句話，是因為我親眼看過一些令人刮目相看的例證。

我將藉由本章內容，推薦讀者採用一個最佳工具，而且是唯一的工具。它可以幫助人們克服無自知之明的障礙，若無法克服此一障礙，其他兩個障礙也很難克服。藉助於此一工具，某些人已對自己有了進一步的認識。這些人的親身經歷，應可增加讀者對此一工具的信心。

## 測試你的動機

如果此一工具威力如此強大，為何還需要我來說服你們？根據MOI理論，想要讓自己蛻變為更有效的問題解決型領導者，人們需要三件事：動機、組織及點子。身為一個作者，我可以提供讀者各種點子，建議讀者如何組織。對於動機，我卻使不上力，如同燈泡一樣，你不想換就不會去換它。

此時，你不妨做一個測試，看看你是否真的具備足夠動機，想要自我蛻變追求成功。這個測試很簡單，不僅可測量受測者是否做好自我改變的準備，也可以在過程中產生不少點子。這些點子將有助於受測者未來進行自我改變，幫助他們把一些有可行性的點子組織起來。以下就是我建議讀者採行的測試：

**從現在開始，每天花五分鐘寫日記，連續寫三個月。**

## 你的第一反應

現在一切暫停,拿一張紙來,寫下你的第一反應。此一反應是做上述測試很重要的一個步驟。不僅如此,其實你寫在那張紙上的東西,就是你開始寫第一篇日記的首段內容。如果你不寫下你對此一測試的第一反應,即表示你已經有麻煩了。然而你並不孤單,因為許多人和你一樣。我們有許多客戶都有相同的反應。伯吉特即為一例:

「傑瑞建議做此一測試時,我的第一個想法是,把任何事情用文字記錄下來都是一件令人討厭的事,寫自己的事更是令人討厭。其實做這個測試只要花五分鐘時間,我每天刷牙也用了同樣的時間。因此我在想,如果我做不來這件事,每天花五分鐘寫日記連續寫三個月,或許表示我根本不想成為一個問題解決型領導者。」

彼得一開始也排斥這個做法。他說:

「我實在看不出,我每天已經忙得要命,還要多加一件工作,這件事對我到底有何意義,因此我從未考慮去做這件事。四個月後,那天正好是元旦,我正在觀看職業球類競賽節目,突然再度想起這件事。在電視台播一支宣傳淡啤酒廣告的空檔時間裡,我計算了一下,此一測試要求我花的時間,全部加起來也比我在一天內觀看 Fiesta Bowl、Rose Bowl 及 Orange Bowl 三個職業球類競賽節目所花的時間還要少。我決定試著做這個測試──先做一個月再說。」

以上都是人們的第一反應，也是他們開始寫日記的第一段內容。稍後你們將讀到伯吉特與彼得的轉變，但現在你們只能看到他們如何通過我建議的測試。他們以嚴謹認真的態度，面對改善現有領導風格的課題，因此肯冒每天浪費五分鐘的風險。如果他們的態度不夠嚴肅，那麼我建議他們做任何事情，都是在浪費我的時間。

## 你的私人日記

如果你決定寫日記，很快就會累積許多零散的紙片。因此，我建議你去買一本讓你覺得賞心悅目的日記本，或在電腦上寫日記。你或許以為這些事不重要，其實是很重要的。工欲善其事，必先利其器，一切都是為了幫助你把記錄心中想法這件事給做好。

如果你決定用電腦寫日記，切記不要修改以前日記的內容。因為往後檢視日記內容時，你希望看到的是最原始的想法。準此，你最好把每天的日記列印出來，貼到一本有日期、最好是用硬皮包裝的筆記簿裡。

如果你覺得寫日記不安全，這或許是因為你的日記曾經被兄弟姊妹或父母偷看過，而讓你有一個不快樂的童年，果真如此，千萬小心不要製造機會，讓其他人偷窺你的日記。這並非意味著你不應和他人分享你的日記內容，而是你必須是主動提供的一方。這一點非常重要，確定不會有人偷看，你才會誠實寫下你的感覺。它們才能不偏不倚地描述你真實的自我。

每天何時寫日記並不重要，你甚至不必每天固定一個時間

寫日記。重要的是，你必須想辦法每天一定要騰出五分鐘來寫日記。娜迪亞試了好幾種方法才成功：

「因我是用電腦寫日記，因此必須利用上班時間進行。然而這樣做經常會受到他人的干擾，我因而習得寫日記的第一個功課。我在門上貼了一張字條，上面寫著『女士撰稿中，請勿進入』。此舉非常有效，但週末在家寫日記的問題仍未得到解決。於是我買了一本很傳統的筆記簿。」

「在家裡，我一直找不到固定一段不受干擾的五分鐘時間。曾試著臨睡前寫日記，但有時我會覺得太睏了。何況我先生也不希望我在睡前寫日記。最後，我終於發現，每天早上餵完狗及吃早餐之間，有一段空檔時間可用來寫日記。這樣做對我很有益，可以幫助我以正確的態度開始一天的生活。但我猜想，每一個人都會找到最適合自己的方法。」

對彼得來說，寫日記就像是一種健身運動：

「我原本以為花五分鐘寫日記很不錯，花十分鐘應當會更好，但我錯了。我每天都試著多花一點時間寫日記，最後總覺得時間太長了。現在，我用一個計時器，把時間訂在五分鐘。鈴聲響起，如果我不想停的話，我可以繼續寫，但就此打住也無妨。五分鐘足夠了，表示我並未苛求自我。」

「如果其他時間我還有空，想要在日記上多寫一些東西，那就更棒了！每當心血來潮，起了動筆念頭時，我都會抓住機會寫下我的心得。但不管其他時間寫了多少，你一定要尊重那固定的五分鐘時間。否則你就會破壞你的訓練計劃。」

易言之，想寫就寫當然很好，不想寫卻逼著自己寫更為重要。如果領導者無法每天固定騰出一段時間作自我觀察，其領導風格實在很難有效提升。

## 寫什麼呢？

娜迪亞與彼得的心聲讓我們知道一件事：即便無法從日記內容獲益，人們也可以從強迫改變自身行為這件事上有所收穫。想要成為問題解決型領導者，你必須瞭解，當他人要求你做一些改變時，你會有什麼反應。至少以後你將能體會，當你要求屬下做一個小小改變時，他們的感受是什麼。

日記該寫些什麼內容呢？娜迪亞的做法深得我心：

「我參考了好幾條教人寫日記的原則，發現其中只有一條對我最有幫助：只寫和自己有關的事。我寫日記的主題是我自己——每一天，我像什麼樣的人，做了哪些事，我對做這些事有何感想，我如何看待他人的反應。」

在日記上，瑪菲絲用不同方式抒發她的想法：

「我專心寫三件事：首先，當天發生了哪些事，我會一五一十地寫下來，不加任何標籤，不作如何評論。其次，我會寫下我對那些事情的反應——如果那些事情讓我感到憤怒，或它們是我夢寐以求的，我會寫下我的想法。最後，如果有的話，我會寫下我學到的功課。大多數時候，我都沒有什麼心得。通常過了一陣子再次閱讀以前寫的日記內容時，才會覺得自己有所收穫。」

　　我們公司大多數客戶都遵循「事實、感受、心得」的原則寫日記。胡安卻從不同角度寫日記：

　　「所有與人際關係有關的事，包括感覺、夢想及變幻莫測，我一點也不感興趣。最讓我感興趣的是，傑瑞說，在實驗室工作的專業工程師及科學人員都有寫日記的習慣。我決定加入這個行列，每天寫下我想到的點子，包括新領悟到的竅門、新想到的設計。我也會寫下試用這些新點子的實驗成果。我會寫下我遇到的毛病，記錄用什麼方法排除它們的過程。」

　　彼得或許寫出大多數人的心聲：

　　「寫日記讓我更認識自己。如果我和其他人沒有什麼兩樣，我就不需要寫日記了。正因為我是與眾不同的一個人，其他人怎能告訴我該在日記裡寫什麼樣的內容呢？那麼我該寫些什麼呢？一個像我這樣體型碩大的人該寫些什麼呢？我決定想寫什麼就寫什麼！」

## 寫日記的作用

　　我推薦以寫日記作為邁向問題解決型領導者的第一步，理由是，寫日記只是一個很小的承諾，人們實在拿不出什麼藉口不做這件事。

　　你也可以去參加以提升領導技能為主題的研討會。但參加一場高品質的研討會，至少需要一週時間，再加上來回交通費用，總成本可能高達1,000美元以上。我歷來參加過無數次研討會，總能滿載而歸，覺得值回票價。但如果你從未有過這種

經驗，而要你自掏腰包參加領導技能研討會，你當然會躊躇不前，不願意多冒一次風險。更何況不是所有研討會都辦得很出色，即便你申訴成功，主辦單位願意全額退費，你投入的時間卻一去不復返了。

在如此薄的一本筆記簿裡信手東寫寫西寫寫，到底可讓當事人得到何種好處呢？

寫日記的最大好處是，不像讀一本書或聽一場演講，你記錄在日記裡的內容，全部都與你個人有關。每一個人能得到多少好處須視個人而定，我不能告訴你可以得到多少好處，但我保證你一定會有收穫。以下是一些身體力行者對寫日記的正面回響：

伯吉特：「即便我一無所獲，我也發現到，我很不甘願寫日記的這種表現，已讓我贏得一種不肯有條理地記下行事計劃、不肯回覆客戶來函的美名。我不想讓自己變成無法克服心理障礙，一直無法下定決心開始寫日記的那種人，也不想讓他人認為，我不肯寫日記是因為我太孩子氣了，那是因為我小時候日記曾被人偷看，而有了不愉快的經驗。這算哪門子的領導者嘛！我要求公司派我去參加一種教人撰寫技術性文章的寫作課程，上級長官欣然同意。現在，我已克服了成為問題解決型領導者的一個主要障礙，一個讓我一直無法起而行的障礙。」

彼得：「每到月底檢視一個月來所寫的日記時，我發現，我已能貫徹意志，再忙也要抽出空來。我絕不會以忙碌為藉口，而不停下腳步來作自我檢討。因著檢討自身作為，身為所謂的領導者，我願意向我的同事說一聲抱歉，請求他們赦免我

犯的錯誤。寫日記讓我有機會暫時掙脫所有重要工作設下的牢籠，試著從不同角度看待人生。我仍然花很多時間觀看美式足球比賽，但截至目前為止，我已寫了整整三個月的日記，外加兩次快速重播（重新閱讀）。」

**胡安：**「我以記錄所遇到的毛病為目的每天撰寫報告，到後來，它讓我看到我的行為模式是非常沒有效率的。例如我總是花很多時間想要自己解決問題，最後實在沒辦法了，只好向他人尋求幫助。通常只要幾分鐘時間，問題就能得到解決。我的頑固態度，常影響我做事情的效率。這個收穫太大了，我得到很大鼓舞，而願意繼續寫我的日記。」

**娜迪亞：**「我以為我是在寫自己的事，但過了一陣子，我發現大部分的日記內容都是在談別人的事：查理在會議上出我的洋相；格雷害我的專案犯了一個大錯；我的行事曆被瑪莉弄亂了。我總是花很多精力去責怪他人給我帶來麻煩，其實我大可用同樣精力去解決問題，或去思考如何避免不再犯同樣的錯誤。養成寫日記的習慣，促使我少苛責他人，而人們也察覺到，我比以前更容易相處了。」

**馬維斯：**「我認為寫日記的最大好處是，它讓我瞭解，在事情發生的那一刻，我是如何認真看待所有發生的事。一週後，我重新檢視日記內容，我實在很難想像，當時我為什麼要發那麼大的脾氣。事後回想起來，大多數都是很可笑的事。我想我現在已變得比較寬大為懷。我知道我比以前更開心，胃痛次數也比以前少多了。」

換言之，上述這些寫日記的人，都學會了重新認識自我，而且重新認識他們最需要知道的部分。我不知道你該認識自我的哪一部分，可能連你自己都不清楚。但這絕非是你不提筆寫日記的藉口。事實上，這才是你開始寫日記的最佳理由。

自我檢核表

1. 到現在為止，你已想到幾個不寫日記的理由，即使寫日記可以讓你認識自我？

2. 如果你已有寫日記的習慣，或過去曾經寫過日記，請拿出來閱讀其中內容。哪些內容最先引起你的注意？你做了什麼樣的改變，讓你覺得很沮喪，或大感振奮？或者，什麼事情你始終不變，而讓你覺得很沮喪，或大感振奮？

3. 從下週開始，試著做這件事，每天做一次：做某件事的時候，每一個步驟都盡可能地大聲對自己說道：「我現在要做……。」例如，你可以說：「我現在要打開抽屜，拿一雙襪子出來。我現在要選一種顏色。我已找到一只藍色的，現在要找另一只一模一樣的。我現在要把抽屜關上。我現在要挨著鞋邊穿襪子。我現在要穿右腳襪子。」你可以在任何時刻暫停，問問自己為什麼要這樣做，例如：「我為什麼要先穿右腳的襪子？」

4. 你每天早晨習慣先穿右腳或左腳的鞋子？如果明天你先穿另一隻腳的鞋子，給自己買一份價值5美元的禮物作為獎勵。把這個允諾寫在一張字條上，放在餐桌上，好幫助你隔天記得自己下的賭注。持續這樣做，直到你做到為止。

5. 你的腿及腳現在正在做什麼？

6. 訂定未來一年自己想要達成的個人目標。在日記裡寫下你對所訂目標的感想,並寫下對此一追求過程的感想。

7. 至少閱讀一本你所景仰人物的自傳。在日記裡寫下該自傳中最讓你感到驚訝的事,以及最讓你感動的情節。

8. 試著在日記裡寫下上述問題的答案。

# 8 發展創新能力
## Developing Idea Power

　　「如果老師、父母、治療人員或其他幫助他人的人，允許
其對象可以不受任何限制的使用象徵表現形式表達自己的想
法，定能大大激發他們的創意。此種寬容讓人們可以自由選擇
自認為最適合的方式，或思考，或表達看法。此種寬容鼓勵人
們以開放的、愉悅的及自發的態度，混雜著使用不同的知覺印
象、觀念及意義，此三者即為構成創意的要素。」

——卡爾・羅傑斯（Carl Rogers）

《成為一個人》（*On Becoming a Person*）

不論你的領導風格為何，都應有自知之明。惟，問題解決型領導者必須行使不一樣的風格，以有效激發創意。為此，領導者必須學習如何讓自己發展特殊能力，以激發他人提出點子的方法。

其中一個方法，就是持續練習你一直在學習的一件事——解決問題。例如，你不妨試著做這件事：

某甲僱某乙做7日分量的工作，言明每天做完工作即發工資，每日工資為1英寸長的金條。某甲現有7英吋長的金條可以支付給某乙，但某甲只能切兩次，請問某甲該如何做？

這個題目的「正確」答案應該是：某甲將金條切成1英寸長、2英寸長及4英寸長三個部分，再用交換方式，即可每天以恰好1英寸長的金條支付給某乙❶。真是聰明的解答啊！身為一個浸淫二進位機器數十年的資深工程師，我立刻就解出這個答案。看到其他人想破頭腦也解不出來的窘境，我覺得自己實在是太聰明了。

## 問題解決型領導者的中心教條

當有幾個人提出另一個解答時，我不再覺得自己那麼聰明了。出題者並沒有說不能把金條弄彎，因此，某甲把金條弄彎

---

❶ 編註：此解答的奧妙在於，以1、2、4為基底，可組合1～7的任意整數。亦即，甲第一天支付1英吋的金條給乙，第二天再拿2英吋的金條，換回乙的1英吋金條，第三天再給乙1英吋金條。以此類推。

後，該金條即變成英文字母S的形狀，此時再切兩刀下去，恰好可以分成七等分，而且還可以形成一個代表貨幣的符號。

這是一個很典型的案例。問題解決型領導者很喜歡主動打破正統心理學的中心教條。不管我提出什麼樣的問題考他們，不管我相信什麼才是「正確」答案，他們總會想出更好的答案。此一現象可能證明我比他們笨多了，但我相信應該有更合理的解釋。

和問題解決型領導者相處多年的經驗告訴我，最佳領導者的中心教條實不同於正統心理學的中心教條。具體言之，他們的中心教條為：

**任何一個有實質意義的問題，一定還有一個解答，而這個解答──目前還沒有人想出。**

人們可能想不出那個解答，或無法立刻想出。在目前環境下，定要人們搜索枯腸或許時機不對。但，那個解答確實是存在的。

問題解決型領導者為何如此篤定有另一個解答呢？我認為這個問題應該反推回去。許多對正統心理學的中心教條信之不疑的人，一輩子從未嘗試去尋找另一個解答，因此他們極少發現另一個解答是很正常的。他們既未成為有效的問題解決者，遑論成為問題解決型領導者。什麼是創新者？創新者是從不知道還有唯一解答這回事的人。因此，創新者盡可能地尋求可以真正解決問題的不同想法。

# 創造性的錯誤

凡未被威脅利誘模型矇蔽的人，對他們來說，這個世界乃充斥著各式各樣的點子。事實上，只要敞開心胸，每一個錯誤都是一個新點子。貝克勒爾（Becquerel）不小心弄髒底片，意外發現X光。然而在他之前，多少人弄髒底片卻什麼也沒有發現。佛洛依德（Freud）從一般人的失言中，發現其中大有學問，從而提出革命性的心理學新理論。然而在他之前，無以計數的人聽過他人的失言，卻從未深究過它們代表什麼意義。

從某個角度來說，真正有原創性的點子，最初都是因為人們犯了某些錯誤。我有好幾次都是因為打錯字而得到新點子。有一回，我把change誤打成chance，因而得到靈感，寫出《系統化思考入門（25週年紀念版）》（*An Introduction to General Systems Thinking*）這本書其中一整章內容。另一次，我抓到一位客戶寫了錯字，此人把turnkey system（轉鍵系統）寫成turkey system（火雞系統），而在某次以「使用套裝程式的風險」為題發表演講時，以該錯誤為例，做了很生動的開場白。

# 偷竊點子

創造性的錯誤的確可激發創意，但畢竟那是可遇不可求的機會，不可能用它作為激發新點子的可靠來源。再者，各級學校老師一再教導我們應盡可能地不要犯錯，這或許是我們難以善用犯錯機會的另一個原因。又，或許是因為偷竊點子容易多了，以至於我們常懶得從錯誤中尋找新點子。這裡所說的偷

竊，包括從單一對象抄襲點子，我稱之為「剽竊」，以及從眾多對象取得新想法來源，我稱之為「研究」。我特別喜歡運用有創意的方法作研究，讓更多人參與我的研究工作。

舉例來說，作為一名專欄作家，我有數以千計的讀者，他們都是貢獻好點子的來源。每隔一段時間，就會重演這樣的情節：某人讀了我寫的專欄，有感而發說道：「嗯，他寫得不錯，但我對此主題有更好的想法。我想我應該寫信告訴溫伯格。」我最初接獲這類信件時，它們直接觸怒了我的「沒問題症候群」神經。我在想：「這個傢伙怎麼可能比我這個偉大的作家知道得更多呢？」並非所有來信的人都是聰明人，像他們自己想得那樣，但事後證明，他們個個都比我對他們的最初印象還要聰明。所幸後來我的「沒問題症候群」沒有繼續作崇，否則我就不能偷竊他們的點子，一切都要自己來，不知要多花我多少精力。

作為一名管理顧問，這樣的好處我也得到不少。我拜訪的每一名客戶，似乎都迫不及待地想要告訴我，最近他們實驗某個新點子得到什麼成效。拜訪過幾名客戶後，我收集整理好的優良點子，足夠我未來一整年應用於其他客戶身上還綽綽有餘。尤有進者，對於偷竊客戶點子的做法，我並無罪惡感，因為我常提供他們許多好點子作為回報。如果我信奉正統心理學的中心教條，就不會和他人交換點子了。我一定會忙著和別人爭辯說，我的點子才是正確的。我甚至沒有機會去聽「他們的」想法。

為了不失去任何一位客戶，我應該絕口不提「偷竊」客戶點子這件事。我從來沒有讓客戶有過一絲一毫的懷疑，讓他們

發覺我是在偷竊他們的點子。其實，客戶擔心被竊的，那些點子通常都不值得他人下手行竊。真正值得偷的，通常是「微不足道的」、被客戶視為當然的好點子，甚至不會被歸類為「點子」的一些想法。在某個環境被視為微不足道的點子，移植到另一個土壤更肥沃之地，卻有可能產生突破性的進展，此一現象如同植物一樣。

## 篡改偷來的點子

我個人還有另一個偏愛使用的工具：篡改能力。偷來某個點子後，我通常會故意搞錯其中一個步驟或一個部分，此一錯誤最後卻常變成最具原創性及最有價值的一部分。有時，我甚至會將偷來的點子改頭換面，再送給原創者，而讓他們大賺其錢。

舉例來說，某公司一群經理人告訴我，他們計劃用公司現有的大型電腦，來編輯可用於某些新微電腦的程式。我心裡想的卻是，他們想要用微電腦來編輯可用於大型電腦的程式，至少他們想要用微電腦來輸入程式，幫助操作員做一些事，順便協助檢查錯誤。我把這種做法告訴該公司另一群經理人時，他們非常興奮，一致決定要配給程式人員一人一部微電腦。這些經理人打字速度奇慢，如果公司能照他們的意思，由程式人員在微電腦上編輯程式的話，以往使用大型電腦所造成的瓶頸，這個問題即可迎刃而解。

最後，他們想出更好的解決方案。該公司利用微電腦模擬終端機，用以訓練基層資料輸入人員。我很天真地問說，他們

為何不用相同程式訓練程式人員，以提升這些人的打字技巧。
最終，我相信他們用了我的點子，但我一直強調那不是我的點
子，是他們自己想出來的。一年後，我再次造訪那家公司，發
現最初那一群經理人已偷回他們被篡改的點子，配給程式人員
一人一部微電腦，讓他們輸入資料，並供訓練用途。

## 交配

前一個例子也展示了交配（copulation）的價值：將兩個
點子合而為一，讓它變成比原始構想更好的點子。事實上，大
多數的好點子或優秀人才，都是經由交配而成的。你可能喜歡
吃蛋，你也可能喜歡吃糖，但你一定愛極了蛋白糖霜[2]。事實
上，儘管我很不喜歡蛋，卻愛吃蛋白糖霜。

知道交配價值的領導者，頗能處理因為人們信奉正統心理
學中心教條而產生的衝突。一個群體中，常發生兩人爭辯自己
的點子是最好的情況，此時，警覺性高的領導者總會嘗試尋求
第三條途徑：設法去蕪存菁，讓雙方提出的原始構想進行交
配，從而變成一個更好的點子。

我的一位客戶想要提升軟體品質，遂召集相關人員開會討
論。會中，兩名程式設計師為了應先安裝哪一部分的課題而爭
辯不休。一人認為應先安裝技術檢閱系統，另一人認為應先安
裝一套正式測試規劃系統。主持會議的經理提出一個想法：問
兩人可不可能針對測試計畫進行一次正式分析。兩人欣然同

---

[2] 譯註：meringue，亦即將蛋白攪拌，凝固後加糖製成之食品。

意，因為他們都相信這是自己提出的點子。


## 為何點子看起來像是旁門左道的東西

犯錯、偷竊及交配之所以成為發展點子的三個最有效方法並非偶然形成的。從它們在生命遺傳過程中所扮演的角色，即可看出這三者的基本特質。我不需要詳細敘述你父母親如何結合兩人的基因，因而生出一個妙不可言的你的過程。我只需說明，此一結合過程，乃是世人公認遺傳過程中最令人感到愉快的一部分。但天啊，假如有人借用此過程的象徵性意義，居然會被某些人視為十分不妥！

或許這種避之唯恐不及的心態，可以解釋我個人有時為何很難想出好點子。我在學校求學的階段，師長（威脅利誘者）教導我們絕對不許做某些事，甚至不許開口說。所有禁忌可列出一長串的清單。排在這份清單前幾名的，就是犯錯、偷竊及交配。偏偏它們都是促進人類傳宗接代的精髓。

當學生的時候，我把寫完的考卷交給老師。我發現，我犯的錯誤越多，成績越差。為了少犯一些錯誤，好得到好一點的成績，我決定抄襲教科書內容或鄰座同學的答案。我發現，這樣做反而讓我得到更嚴厲的懲罰。若是犯了拼字或標點符號的錯誤，我可能會被扣10分。最壞的情況是，放學後被老師留下來，在黑板上罰寫一千遍正確答案。但如果是被抓到抄襲，我就變成「作弊者」，而且會被老師帶到校長室接受懲戒。

如果有人因偷嘗禁果（交配）被活逮，或因偷看黃色小說被查到，此人將被師長拎著耳朵到校長室報到，那條路無疑是

令人難捱的一條漫漫長路。那些從小在威脅利誘模型下長大的人，他們越採用能夠產生好點子的方法，所受到的懲罰越嚴厲。

請不要誤解我的意思：我並不是懦弱的自由主義人士，這種人完全不相信懲罰的效果。懲罰實為最有效的教育方法之一。在此一方法下，我們會盡量不犯錯，以免受到懲罰。因犯錯、偷竊及交配而經常受到懲罰的人，不可能會想出什麼出色的點子。他們甚至不認為自己具備想出好點子的能力。

此時，讀者應已留意到，有助於人們想出點子的三個好方法，與阻礙創新的三大障礙之間的關連性了吧！一個沒有自知之明的人，意味著此人從未注意到自己所犯的錯誤，因此無法抓住時機，將它們轉變為出色的點子。一個以自我為中心（沒有問題症候群）的人，意味著此人從未考慮過抄襲他人的構想，因此從未享受過創造性偷竊的好處。最後，一向相信只有唯一正確解答的人，總認為結合不同點子的想法是很愚蠢的，因此交配是絕不被允許的行為。

我們可以用幽默的方式，以犯錯、偷竊及交配作為最有助於人們激發點子的三個好方法；但如果老師教導學生，認為這三者絕非激發點子的好方法，那就一點也不好笑了。經由不當的詮釋，老師教導我們應加以仿效的那些範例，反而讓我們難以成為有效的問題解決者。師長一再強調應避免犯錯，久而久之，我們將因過度自我保護而變得越來越無知。其次，處在大人一再強調競爭的環境下，合作將被貼上「作弊」的標籤，久而久之，每一個人都相信應該努力讓自己成為最聰明的人。最後，強調「考試第一」將灌輸人們這樣一個觀念：任何事情只

有一個正確答案。

我知道我在當學生的時候犯了很多錯誤。我逐漸變成一個無知的完美主義者，對自己所犯的錯情願視而不見。直到今天，我也偶爾作弊，這讓我對於借用他人點子的做法採取非常謹慎的態度。所幸我很怕女孩子，因此我的老師一直沒有機會抓到我和他人交配。正因為如此，我從不知道將兩個點子合而為一有什麼好怕的。此一方法也讓我賺了一些錢，不至於成為苦哈哈的人。

對於想要成為問題解決型領導者的人，我的建議是：過一個未留下不良紀錄的健康童年生活，至少不要被抓到及受到懲罰！如果你已經有了一個荒唐的童年時期，仍然有希望成為領導者。請看下一章內容。

1. 到現在為止，你所犯的最大錯誤是什麼？你學到什麼功課？學到此一功課所付出的成本，和你受其他形式教育伴隨的成本，例如支付上課的學分費或購書成本相比，高是還是低？

2. 領導不當或領導能力不足，是你犯該錯誤的主因嗎？何種訓練或過去經驗，有助於提升你在上述案例行使領導技能的品質？有可能改變什麼嗎？

3. 你能開一張清單，列出過去一個月有助於你激發點子的十個來源嗎？你能再開一張清單，列出可激發點子的另外十個來源，而你尚未善加利用它們？

4. 你想出很多點子，後來怎麼樣了？大多數都實現了嗎？有多少點子因為創新程度不夠而胎死腹中？有多少點子因為環境不支援而被迫消失？

5. 你對使用象徵表現形式有何看法？例如，在腦力激盪會議中，有人提了一個「荒謬的」建議，要你放火燒房子，你會作何反應？

6. 腦力激盪術是一種有系統的方法，可讓一群人激發創意，想出更多好點子。如果你從未聽過腦力激盪術，不妨買一本書來研究這個課題。試著瞭解腦力激盪術和本章討論點子從何產生的說法有何關連。

7. 下次開會時，試著將兩個與會者連續提出的點子合併為一個，並完全歸功於原提案人，看他們有何反應？

8. 開一張清單，列出你目前遭遇的問題，試著將其中兩個問題合而為一，互相解決彼此的問題。舉例來說，你可能體重過重，同時沒有時間運動；你不妨將兩個問題合而為一，用完中餐後快步走一段時間。

# 9 願景
## The Vision

「沒有異象（默示），民就放肆。」

——《聖經箴言》29章18節

對於想要解決問題的人來說，鼓勵人們想出好點子當然很重要，然而要成為真正的問題解決型領導者，你還要誘使大家把注意力從你的點子轉到他人的點子。是什麼原因讓一個創新者願意鼓勵他人發揮創意，或願意組織一群人，藉以激發他們發揮創意？其他人為何願意視領導者提出的點子為他們自己的想法？任何一個逐漸轉變為領導者的人，都必須以這兩個問題進行自我檢視。但，如果你沒有經由過去一段很長經歷的角度，是無法答覆這兩個問題的。

## 事業線

養成寫日記的習慣的確有助於人們更深入認識自我，但這樣做只能讓一個人從短期角度認識自我，寫日記有時很難讓人們認清一段很長時間的自我。以下練習可以幫助一個人藉由描繪出過去所經歷全部職涯的面貌，逐漸學會從長期角度認識自我。

準備一大張白報紙及一支奇異筆。先用奇異筆在白報紙中間畫一條水平線。這條線代表「時間」，起始點是你踏入社會從事的第一份工作，終點為你目前任職的工作。在左邊畫一條垂直線，這條線代表你的「感覺」，最頂端表示感覺最棒，最底端代表感覺最差。接下來，你要畫一條有起有落，可代表你過去職場經歷的「事業線」。可能的話，你可以當著一個人的面，一面訴說你的職場故事，一面畫這條事業線。畫完這條線，請站遠一點，看著你剛繪製完成的圖，試著給該圖取一個

名稱。最後，試著把你的事業線延伸到未來。

進入以下章節之前，你可能想要先畫出你的事業線。

我們曾分析過數百名問題解決型領導者的事業線。為溫故知新，讓我們先來看看圖9.1能透露出什麼訊息。圖9.1是電腦程式設計師東尼的事業線，是一條很典型的事業線。以下是東尼在畫事業線時告訴我們的一部分故事內容：

1.「讀高中時，我很喜歡上數學課及物理課，但還不至於到非常熱愛的地步。讀完高二時，我已修完所有高級課程的學分，為了要畢業，高三一整年，我必須修習所有

圖9.1　東尼的事業線

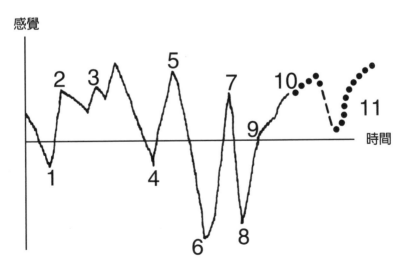

剩下未唸過的社會研究課程。那一年我過得很無趣，因此我的事業線始於水平線以下的位置。」

2.「進大學後，我頭一次唸程式設計的課。該課程內容很吸引人，引發我學習的熱忱。我把系裡所開設和電腦科學有關的所有課程都修完了。一一克服課業的挑戰後，我開始覺得自己對電腦的興趣似乎變淡了。」

3.「大三那年，我在電腦中心找到一份兼職工作，幫助使用者解決技術方面的問題。我一天要在電腦中心待上十八個小時，也見到一些企業機構派到校園來徵才的人。這些事讓我感到非常新鮮有趣。」

4.「我進入一家消費性電子公司，負責程式設計方面的工作。剛接這份工作時，我懷抱著很大的熱情。做滿三年後，我開始相信，我不該只是負責維護一套老掉牙的COBOL程式，我應該去做一些更有意義的事。」

5.「我辭掉第一份工作，花了幾個月尋找新機會，後來進入一家健康食品公司，幫助該公司發展一套會計程式。新公司是一個很不錯的工作場所，而且在那裡遇見我的另一半。我和她交往了三個星期，就步入結婚禮堂。」

6.「一年後，新公司生意做垮破產了，我的婚姻也以破裂收場。當時真的是我走到人生最低潮的一刻，但我很快就從谷底爬了出來。我很清楚知道，如果一家公司不讓我對某種令我深信不疑的東西有所貢獻的話，我絕不會應允加入該公司的行列。」

7.「我下一個任職的公司，就是我目前服務的這家公司。這是一群非常專業的工作者，他們提供優質的線上服

務，非常尊重我的工作能力。我在一年內連升兩級，在我從事的專案擔任其中最重要一組的首席設計師。這段時間我過得非常快活，無憂無慮，幾乎任何問題都難不倒我。」

8. 「但事實上，從行銷觀點來看，我從事的專案非常不牢靠。正當某個讓我們引以為傲的成果出籠了，一個星期五快下班的時候，公司突然宣布，我從事的專案必須叫停。於是乎，雲霄飛車再度衝向谷底。」

9. 「這次低潮期很短。過完週末假期，星期一早晨一起床，我立刻想到，只需稍加修改，我這個系統即可應用於另一個場合。於是，我把這個想法告訴上司。經過數週的努力，上司終於同意採用我的想法。」

10. 「一直到現在，我還在做這件事。我們已製作完成此一專案的第一版成品，並鋪貨到市面上。目前我們正在強化第一版的原始功能。這是我投身職場以來最快樂的一段日子。但這一段的事業線仍為鋸齒狀，因為我的閱歷比以前更豐富了。我從工作中得到快樂，不是因為無知，而是我解決了工作中遇到的實際問題，從而獲得滿足的緣故。」

11. 「虛線代表我的未來。我已請示上級，能否讓我放下手邊的案子，改做別的工作。我不知道下一個工作是什麼，但我知道，未來一定還是像搭乘雲霄飛車一樣，每一次經歷都能讓我成長。只不過，我不希望坐雲霄飛車時顛簸得太厲害。」

## 關鍵不在發生了什麼事

東尼將他的事業線稱為「雲霄飛車」，因此當他發現，大多數人的職場經歷起伏都很劇烈時，頗感驚訝。大多數人都有同樣的反應，因為以我們的文化，人們通常不會談論這類事情。不過，一旦開始談論這個話題，你會發現，人生其實充斥著很多令人驚訝的事。

畫出事業線後，人們可能會產生一個疑問：同樣一個事件，對某人來說是高峰，對另一人卻是谷底。對東尼來說，離婚是一令人沮喪的事件，對我而言卻是一大解脫。我想到唯一能被幾乎所有人視為重大打擊的，就是罹患重病了。但，包括我在內，許多人罹患重病後，其事業線反而開始爬升到另一個比以前還要高的高峰期。其他重大挫折亦復如此：丟掉飯碗、未通過某個考試、或搞砸某項專案等等。

至此，研究職場經歷課題所學到的第一個功課是：**關鍵不在發生了什麼事，而在當事人對事件的反應。**

## 成功會帶來失敗嗎？

一個人可能因為各種原因受挫。舉例來說，此人可能碰到一時無法克服的外在環境難題，或因自身缺點過不了某個關口；有時看起來一切都沒有問題，但就是會摔一大跤；或，有時就是因為爬得太高，卻重重跌了下來。就後者來說，可能是因為成功改變了一個人當初賴以成功的條件。我參與「水星監視系統專案小組」時，便經歷了這種情形：解決一個大問題之

後，接下來，我每天卻須處理一些很無趣的例行性工作。以下是一些其他常見的案例，足以證明失敗常在成功之後出現。

## 案例1

功成名就後，過去讓法蘭克賴以成功的資訊機制卻走樣了。他說：「我在不到三年的時間連升了三級，我手底下已有一百多人。然而我卻覺得和同事越來越疏遠。到後來我發現，我和以往資訊來源之間的關係已經斷絕了——我不能再像以前那樣，找三、五好友到一個小攤子輕輕鬆鬆吃一頓午餐，約幾個同事一同喝咖啡聊事情，在洗手間或走廊和同事不期而遇，交換一些工作心得等。我現在是大人物了，這麼多人要靠我，我已經忙到不可能有這種非行程時間了。因此，我現在必須事先規劃，從既有行程中空出一些非行程時間。我現在過的日子和以往完全不同，但已經比幾個月之前好多了。」

## 案例2

對艾麗絲來說，成功讓她感到無比驕傲，但也讓她產生防禦心態。她說：「我因成功研發出一套可用於驅動照相排版機的作業系統而獲得晉升。沒有人做過類似的事，更遑論女性了。我的確對此一成就感到很自豪。然而照相排版技術日新月異，還不到一年時間，就有人開發出改良版的照相排版系統。當部門裡有人提出更換一部分『我的』系統的提議時，我疾言厲色地加以拒絕。當時，我自認我的反應完全合乎理性。很久很久以後，我才發現，是驕傲讓我看不清事實的真相。就這麼一年時間，我從問題解決者變成了問題製造者。」

## 案例3

華生成功後，反而一直巴著一個已過時的系統不放。他說：「我原本是個純樸的大學畢業生，短短五年就變成最耀眼的系統設計師。我研製了一套供程式人員及技術人員使用的系統工具箱，我可以讓該系統跟著〈瑪蒂達之舞〉❶的旋律跳舞。稍後，公司購進一套新系統，在公司逐漸導入新系統的一年內（後來導入時間又延長了一年），上級請我繼續維持舊系統的運作。很明顯的，我是執行舊系統任務的最佳人選，公司更允諾支付我一筆很優渥的獎金。再者，我也不希望從現在的高職位被拉下來，像一個初出茅廬的新進人員，必須重新學習使用一套新系統。就在舊系統最終必須被淘汰出局的那一刻，問題來了。除了從基層重新學習新系統外，我已無容身之地。其他人都比我早起步兩年。我被迫選擇棲身於一個非技術性職位。儘管待遇還不錯，但我並不特別喜歡該職位。」

研究職場經歷課題所學到的第二個功課是：**每一個人都有遭遇失敗的一刻，很遺憾的是，一個人成功後，下一步就是走向失敗。**

## 願景扮演的重要角色

許多人都以為，成功人士一定從未受過任何挫折打擊。然而，童話故事的情節絕不會在真實世界裡出現。善行不一定有好報。智者有時也會鑄成大錯。沒有人永遠一帆風順。從不犯

---

❶ 譯註：Waltzing Maltilda，澳洲民謠。

錯絕非成為領導者的前提。人們能成為領導者，是因為他們用不同的方式處理失敗。

我所認識的成功領導者，他們遇到挫折反而會「彈起來」，自我激發鬥志，努力創造下一個成功（用「彈起來」來形容可能太樂觀了，或許該用「爬起來」）。人們能夠成為領導者，不是因為他們克服萬難度過逆境，而是因為他們記取失敗教訓，從而建立新優勢。

他們是如何辦到的呢？我研究這個問題已有二十五年了。我得到的結論是，成為創新者的人的確都握有一把祕密鑰匙。這把鑰匙指的是一個很特殊的願景。這個願景有平凡的成分，也有不平凡的成分。平凡的那一部分，指的是一個人在其一生中想要做的一些很普通、很平庸的事情。任何一位政治人物、傳道者或郵局職員，他們心中都有這一部分的願景。然而，有些人的願景還包含了不平凡的部分。這些領導者已經和自己的願景合而為一，他們一心想要實現其偉大的夢想。

換言之，他們所憧憬的那個願景，其中一定有值得去做的事，一定有一個非他們去做不可的獨特之處。這就是讓人們得以實現願景的那把鑰匙。作為眾人的一分子，我似乎應該跟著潮流走。但隨波逐流永遠無法讓我成為創新者。

凱西是一個典型的成功創新者。以下是她對所嚮往願景的描述：「我哥哥生來就是視障者，因此我一直想要幫助殘障人士。我發覺，在幫助殘障人士這件事上，電腦實有很大發展空間。因此我決定投身電腦科學領域。上大學時，教代數的教授說我沒有學數學的天分。我知道她錯了。我清楚知道，如果我想要藉由電腦幫助殘障人士，非修過這門課不可。我決定換一

位教授，重修這門課。我突然開竅了。從那一刻起，我唸每一
門數學課，都以最優異的成績結業。」

　　凱西將其願景和某種特殊情境連結起來，也就是她失明的
哥哥。至於自己就是「知道」何事為非做不可的史帝夫，這樣
的案例或許更典型：「沒有人相信這個專案能完成，但我知道
我們一定可以完成它。別人會問我，以前從來沒有人做過類似
的東西，我為什麼會如此肯定。我的答覆是，我就是知道。我
不確定管理階層為何一直撥款給我們，但他們一直供應我們所
需的資金。而我們做出來的系統，最終也讓公司賺了大錢。有
人問我，我們努力做了那麼多事，最後讓公司受惠，賺進大把
銀子，我是否覺得忿忿不平？我不瞭解他們為何會有這種想
法。賺來的錢總有花完的時候，到了那時，我仍然知道，我曾
經完成了一件沒有人做得來的任務。」

　　因著個人心中的一個願景，一個明天會更好的景象，凱西
和史帝夫想要實現的重要想法得到了助力。對凱西和史帝夫而
言，相較於獲得金錢、權力、名聲，或幫助特定的人，願景可
能更重要。

　　研究職場經歷課題所學到的第三個功課是：**每一個成功的
技術領導者都有一個個人願景。**


## 為什麼願景是成為創新者的前提？

　　高績效人士無時無刻不在想著該如何實現其個人願景。幾
乎在任何場合，個人願景都是一個參考依據，是一個能夠讓創
新者擺脫紛擾俗事，從而讓他們回歸原始目的之原則。究其本

質，每一個願景都可化為一個問句，幫助創新者做這樣的區分。「做這些事對設計出一個更好的作業系統會有助益嗎？」「為了讓視障人士找到真正有用的工作，我非做這件事不可嗎？」

願景賦予問題解決型領導者所需的優質熱情。有了願景，工作即被賦予一定的重要性，而工作本身也成了生產者，亦即製作出成品者的延伸。如果工作成品品質很差，就工作是生產者的延伸這個角度來看，即表示生產者不是心不在焉，就是水準很差。一旦出現類似的批評，工作者可能無法容忍，除非批評者能明確指出，為了實現完美的願景，他們必須就事論事提出批評。

舉例來說，電腦程式人員通常不願意在他們撰寫的程式中挑錯，因為他們總相信自己的程式是完美的。但如果他們被說服，程式中的毛病總會被其他人挑出來，他們就會主動配合挑錯。

事實上，願景影響人與人之間所有的互動。例如某人受願景的驅使做一件事，看到事情不對勁時，可能會對工作夥伴道：「我覺得很糟糕，因為照這樣下去，我們絕對做不出能讓我們引以為傲的系統。我們該如何做，才不至於讓此種感覺繼續下去？」

反之，倘若領導者除了一心想要完成任務之外，還有其他的動機，例如取得權力、金錢或名聲等，此人和屬下之間的互動就會被扭曲。幾乎沒有領導者會說這樣的話：「我覺得很糟糕，因為如果工作無法完成的話，我就會錯失升遷及加薪的機會。你們能不能努力幹活，好讓我更有錢，好嗎？」一般來

說，儘管某些領導者心中毫無願景，但他們也會很聰明地隱藏其真實動機。但很少人會被騙。研究過許多人的職場經歷，我學到了第四個功課：**沒有願景的人，對他人是沒有什麼影響力的。**

願景是有感染力的。即便是誤導人的願景，例如希特勒的願景，也能激起人們熱情，一心一意跟隨著領導者的腳步。人們若認同並接受你的願景，你將帶著他們締造豐功偉業。驅使你想要成為領導者的其他理由，大多數都不能和願景相提並論。只有你的母親希望你變成有錢人或名人。

## 尋找自己的願景

若無個人願景，任你採用何種領導風格，或使用某種祕訣，都沒有多大用處。走在科技尖端的時代，若缺乏一個願景作為全面引導，不僅你自己不能存活，你主持的專案也不能存活。

曾有人問我，一個潛在領導者若欠缺個人願景會如何。我答不上來，因為我從未見過這種人。即便有人聲稱對未來根本不抱任何希望，或聲稱賺錢或取得權力是他們唯一的目的，連這種人也有願景，只是他們的願景可能藏在憤世嫉俗的保護殼裡。在厚厚一層的賺錢及追求權力的老繭下面，他們仍然深怕人們會嘲笑自己：你們對未來難道沒有一個願景嗎？你們不相信未來會出現一個更美好的理想世界嗎？

我研究過太多人的事業線，或許已培養出一種能看到每個人一心嚮往的願景的本事。但如果我未曾經歷過人生的黑暗

面，我絕做不到這一點。我曾親身經歷這樣的情景：自己主持的專案一敗塗地，眼睜睜看著它朝我預期的相反方向發展。我痛不欲生，當時只想到如何掙扎著求生存，根本無暇顧及「創造更好明天」的課題。我曾浪費多年時間，只想到累積財富及追求權力，試圖隱藏我對無法達到人生更高目標的懼怕。我清楚知道這些愚行，但我不再恥於承認，因為我瞭解，大多數人都知道這些愚行。

我知道內心深處的那個願景，但我不知道它是如何成形的。精神分析師可能知道，但我不認為我會想知道答案。這個願景對我太重要了，它是驅使我追求人生崇高目標的神聖力量。就這一點來說，我知道許多問題解決型領導者和我一樣。每次到戲院看勵志電影，一個有理想、有抱負，相信自己可創造美好未來的年輕人，最後終於達成目標，讓一旁總是抱持懷疑態度的成人感到羞愧萬分時，我都會忍不住高聲叫好，一吐心中那股悶氣。

憤世嫉俗者可能會將問題解決型領導者貼上「童稚」的標籤，嘲諷他們「太天真」，說他們以「寫科幻小說的手法」處世為人。或許只有兒童相信，只要投入努力，自己就有可能改變這個世界。對我來說，問題解決型領導者並非「童稚」，而是「童真」。如果你不相信做某件事可以改變什麼的話，你為什麼會去做它呢？

又，如果那件事真的不能改變什麼，那麼，你相不相信它能夠改變什麼又有什麼差別呢？

如果你找不到自己的願景，可能的情形是，你的願景擺錯了位置。你過去一定曾相信，某件事是非常重要的，如果你去

做這件事，這個世界一定會改變。請你把它找出來，歡迎你加入探索真相的行列！

1. 你和他人共事，是否和一個人從事技術性工作一樣自在？如果你感覺不自在，你準備怎麼辦？

2. 你看過什麼人因為太過陶醉於自己的成功，而讓他人看不過去嗎？你是這樣的人嗎？

3. 你曾否讓成功的事實變成繼續前進的絆腳石？如果你超越了目前的成就，哪些東西會跟著改變？你會怎麼做？

4. 你記得職業生涯中最悽慘的一段經歷嗎？你難以承受的是什麼？你如何從人生的最低潮走出來？你學到了什麼功課？再遇到人生低潮時，你會用不同方式處理嗎？

5. 你現在面臨的難題是什麼？你有否從中學到什麼功課嗎？

6. 和他人打交道時，他們瞭解你的動機嗎？你希望他們瞭解你的動機嗎？你如何確認他們是否瞭解你的動機？

7. 畫出你的事業線。可能的話，找一位或多位朋友分享你的經歷，和他們討論你的人生起伏。記得將事業線延伸到未來。設想它是一部電影或一部小說，你會取什麼樣的名字？你希望由何人擔任這部電影的主角？

某些人是為了實現其願景而成為領導者,而也有許多人,他們的願景是要幫助他人。他們採取的方法可能是示範、解釋、勉強、哄誘,或強制,無論如何,他們是在幫助他人。但即便幫助他人是「為這些人自己好」,這些人也不見得領情。

本篇各章將探討,究竟是哪些因素阻礙我們影響他人的機會,而我們又該採取哪些作為,以增加你對他人的影響力。

# 10 激勵他人的首要障礙
## The First Great Obstacle to Motivating Others

「請賜給我們能力，
讓我們有自知之明，
如同他人一眼看到我們的誤謬之處，
讓我們不要再有如此愚蠢的想法：
外在的光鮮亮麗，
讓我們更得體！」

——蘇格蘭詩人羅伯‧柏恩斯（Robert Burns）
《致蝨子》（*To a Louse*）

無自知之明（self-blindness），亦即看不見自己，是創新的第一大障礙。這個障礙和視障（blindness）不同，視障指的是一個人不能和他人一樣看見自己。羅伯·柏恩斯上教堂，看到一隻蝨子爬到一名打扮入時年輕女士的頸後，有感而發寫下那首詩，很貼切地告訴我們，什麼是創新的第一大障礙：我們實在沒有很好的方法可以預測他人的反應。


## 自我測試

用下面這個題目做測試，就能大致瞭解你是否具備激勵他人的能力：

你知道他人對你的看法嗎？

(a)是的。

(b)不知道。

(c)有時知道。

(d)我怎麼可能知道？

做這麼直截了當的一個測試，最大的問題是，每一個創新者都會回答a。儘管你克服了創新的第一大障礙，能夠看見自己的行為，仍可能無法得知別人對你的看法，例如他們可能覺得你多麼的「可笑」。對自己的行為，創新者一定會顯得肚量狹小，以自我為本位，並找藉口使它們合理化。初露頭角的創新者卻需專注於某個願景，相信它比任何事情都重要，對他人的評語或看法充耳不聞。準此，創新者多半未意識到「別人常認為他們的行為很可笑」的這個現象。

有些人很有辦法，總能讓問題藥到病除，這種人總相信，他們不需要他人伸出援手，即可獨力解決問題。他們對旁人視若無睹，就算看見了，也認為他們是阻礙。然而，當這類個人英雄主義者有機會變成領導者時，這種欠缺自知之明，很難意識到他人對自己行為的反應，卻變成他們想要成為優秀領導者的最大障礙。這種天才型人物歡迎其他人加入其陣容，只要他們不變成領導者的絆腳石，懂得整天對著領導者頂禮膜拜，並奉行領導者的指示即可。

與其說這類領導者像球隊教練，不如說他們更像外科主任。參與外科手術小組的人在手術房裡不負責解決問題，而是扮演不同的工具，好讓外科主任的手術流程更順暢。在不竊取外科主任的時間或功勞的前提下，外科主任允許小組某些成員學習與外科手術有關的一些實用技術。從好的方面看，這是一種師徒關係。從不好的角度看，它是一種主奴關係。

除非徒弟或奴僕對工作造成妨礙，否則師傅或主人根本不會注意到他們的存在。這一切讓我們很難設計出一個問句，可幫助我們確實瞭解，一個人的行為會對他人產生何種影響。

所幸這裡還有一個更可靠的，可讓我們做自我測試的問句：

**你願意在他人面前表現出很愚蠢的樣子嗎？**

因為你不確定你的行為將對他人產生何種影響，最好的方法，就是試著接受一個事實：有時你將成為眾人嘲笑的對象。如果你無法容忍成為世人笑柄，就不可能成為一名優秀的領導者，因為你的一言一行，都將被攤在陽光下，接受崇拜者詳細檢驗。隨便問一個父母親吧。

## 一個互動模型

我希望我能「賜給他人能力」，讓人人都有自知之明，問題是，我自己都沒有自知之明，遑論幫助他人了。今天，我能擁有一點自知之明，主要是因為我偶而會找專業領域以外的人共事。家庭治療師維琴尼亞·薩提爾（Virginia Satir）所發明的兩人互動模型，讓我獲益匪淺。對我這個出身於電腦程式設計師，有著如此深厚技術背景的人來說，我認為薩提爾的模型特別有用。她的模型可以讓一些看起來很複雜的程序，分解為一連串簡單的步驟。這種按部就班的分析一開始可能很花工夫，但可以讓一個人瞭解，為何其他人對你會有那樣的反應。

我們試著用葉塔和山姆的一段對話為例子，來說明薩提爾的互動模型。

葉塔：「哪個人行行好把咖啡煮上吧。」

山姆：「我正有這個意思。」

葉塔（生氣地說）：「如果你那樣想的話，我自己來好了！」

這個時候，房間裡所有人都開始噤聲。其中一人用難以置信的表情對著葉塔說道：「你是怎麼了？」

葉塔瞇著一雙眼，囁嚅地說：「我……我也不知道是怎麼一回事，剛才就是那麼衝動地脫口而出。」

我們都有過類似經歷：對某件事做出很衝動的反應。職是之故，如果某人連自己都不知道對我們的反應為何，我們又如何知道呢？想要深入瞭解這個道理，我們必須先分析山姆說了

「我正有這個意思」，然後葉塔大叫道「如果你那樣想的話，我自己來好了」這兩句話之間，到底發生了什麼事。

## 互動過程中的顯性部分

　　準備答話的那一瞬間，許多事情一下子湧進葉塔的腦中。你我之間任何一次的互動回饋，都包含了我自己那一部分、你那一部分，以及顯性部分（manifest part）。這塊顯性部分指的是發生於你我之外的部分，理論上可被他人觀察，甚至可經由播放錄影帶的方式仔細觀察。

　　如圖10.1的回饋模型所示，回饋及行為這兩條線代表了顯性部分。顯性部分包含言語及非言語的互動。儘管我們經常忽略一部分的顯性回饋過程，理論上，非當事人都可針對它們做進一步的觀察、研究，並提出建議。

　　人們偶而會忘記，顯性與隱性這兩個部分是有差異的。因此，我們可能會說出這樣的話：「我知道你想要做什麼！」或：「做了這麼傷感情的事，我真覺得抱歉。」能直接看到隱性部分的人，才能做出適切的回應。

**圖10.1　回饋模型**

葉塔真的相信自己知道山姆內心的感覺，但她唯一的途徑，是參考兩人互動過程中屬於顯性那一部分的可能線索。葉塔可以經由學習過程，試著瞭解在她自己那一部分發生了何事。

## 互動過程中的隱性部分

和你進行互動時，我的內心因此發生了何事？想要克服創新的第一大障礙，你就必須知道這些事。每一次的互動，都有可能發生以下諸事：

- 出現新的可能性。
- 強化原有的可能性。
- 啟動生存法則。
- 增加攻擊性。
- 增加痛苦。

由於這些事都是發生在我的內心裡面，因此你可能一無所知，尤有進者，這些事或許連我也不知道──如此更有助於達成我們的目的。

你所看見或聽見關於我的一切事情，都是經由我的內部程序運作的結果。在此同時，我察覺到內外部發生各種事情的混合結果，但也不常察覺到內部及外部發生了何事。

和葉塔一樣，我有時甚至未察覺到自己說了什麼話、用了什麼樣的語氣，或做了哪些手勢表情。有時，我的思想走的速度太快，以至於常忽略了內部邏輯順序；而，我越留意我的內

部邏輯順序，就越容易察覺到你所看見的顯性互動部分。

## 薩提爾的互動模型

　　我發覺，薩提爾所發明可用於分析在一瞬間進行的內部程序的模型，有助於一個人進一步認識自我。此一模型共有七個主要步驟，始於你顯露某個訊息，終於我對你做出回應：

1. 感官輸入訊息。
2. 解讀訊息。
3. 產生感覺。
4. 對此感覺產生感覺。
5. 產生防禦心理。
6. 應對法則。
7. 結果。

　　每一次的互動，均始於你顯露出某個訊息，而我將針對該事做出回應。例如，山姆顯露出「我正有這個意思」的訊息，於是葉塔的內心開始醞釀了一些東西。

### 步驟1：感官輸入訊息

　　葉塔的內部邏輯順序，始於她的感官輸入山姆所發出的特定訊息。葉塔輸入的訊息並不完全，它是「有欠缺的」。

　　葉塔可能沒有仔細聆聽山姆所說的每一個字，她可能不瞭解山姆的用語，她可能忽略了一個重要的表情手勢，她可能未抓住山姆語調中某個微妙變化，或加重的語氣所代表的意思，

例如「『我』正有這個意思」，葉塔可能未聽懂山姆說那句話的真正意思，是山姆想要「自己」去煮咖啡。山姆當然自認為，他發出這樣的訊息再明白不過了。

我們總認為自己發出的訊息再明白不過了。然而你必須假設，任何一次的互動，對方接收訊息時一定會有疏漏。你接收他人的訊號也不例外，你永遠不會接收到全部的訊息內容。

準此，在此一步驟，你至少可以從兩個方向改善自我，讓自己更瞭解對方是如何回應你的：你可以想辦法讓自己看得更精確，聽得更精準；你可以試著讓自己相信，對方有可能未一如你的預估對你做出特定回應。

## 步驟2：解讀訊息

假設山姆發出訊息A，而葉塔接收到訊息B。葉塔下一個內部程序步驟，將是根據她的過去經驗解讀訊息B（不是A，因為她未接收到A）。葉塔的經驗可能不同於山姆的經驗。

因此，舉例來說，儘管山姆說了：「我正有這個意思。」而葉塔也一字不漏地聽到這句話，但以她過去和山姆相處的經驗，可能促使她將訊息B解讀為訊息C：「我正有這個意思，但我並不喜歡做這件事，除非你逼我，否則我不會去做。」

即使葉塔從未見過山姆這個人，她也有可能根據過去經驗做出類似的解讀。她可能是這樣想的：「我前夫每次都說，他正有意思要做什麼事，但他從來不做。我一直很討厭他這樣。」

或者，葉塔可能根本未想到某個特定的人，她只是原則性地解讀她所得到的訊息：「男人都會這麼說，都想要把我調教

得和他們一樣。」或：「每一個人都會這麼說，但如果我開口要求，他們的態度又不一樣了。」

意識到有這麼一個解讀步驟，可讓你多知道兩件事：首先，你將知道解讀可能不只一個；其次，即便你想出好幾個解讀，訊息發送者的解讀也有可能不在你開列的清單中。

## 步驟3：產生感覺

可能還不到十分之一秒的時間，從看到或聽到山姆的顯性行為A開始，一直到現在，葉塔已走完兩個步驟了。她現在將根據C，而非A，來決定做什麼。C則為葉塔從觀察A得到B的印象，再根據B所衍生出的意義。

葉塔基於其本身對安全的需要，對C產生「感覺」，而做出了回應。她自問：「那個人贊同我還是反對我？」

在本案例中，葉塔可能認為，山姆不情願煮咖啡，實含有D的意思：「我（指葉塔）有意爭取當這個工作小組的召集人，但我擔心你們企圖藉機打壓我。」

到了此一步驟，一個人已無其他選擇了。一旦對C做出帶有特定意義的解讀結果，你將自然而然地對該解讀結果產生某種感覺，而不會多想可能的後果。

至少你還有選擇：你可以選擇意識到此一感覺，或視它為一種不尋常的感覺。如果你知道自己是否感覺憤怒、或受到傷害、或感覺很興奮、或覺得很恐懼，並知道他人可能有這些感覺，甚至是因為對你的回應而產生那些感覺的，無論如何，你做出選擇後，通常有助於釐清真相。

## 步驟4：對此感覺產生感覺

此時，葉塔用E來回應D：對此感覺產生感覺。薩提爾說，這是一個關鍵點，因為此一「對感覺產生的感覺」的基礎為葉塔對其「自我價值」的感覺。

如果葉塔對自己很有信心，對於山姆可能企圖藉機打壓她爭取領導者，即有可能淡然處之。葉塔可能心想：「我是有一點擔心，然而在這種環境下，我完全理解其他人會有那種意圖。」如果葉塔對自己沒有信心，感覺很脆弱，一旦出現這樣一個訊息，極有可能讓她覺得害怕、受傷，或憤怒。

此一感覺E可能與葉塔在其之前職涯過程中所習得的生存法則F之間，有密切的關連性。例如，葉塔可能牢記著這麼一條說不出口的生存法則：「如果你讓人看出你怕男人，你就會被男人欺負。」此一法則可能會導致葉塔對「自己感到害怕」這件事感到害怕。

另一個典型的生存法則為：「我一定要表現得很強，絕不怕任何人。」此一法則可能導致葉塔對「自己感到害怕」這件事感到羞愧。

知道生存法則的存在之後，你將瞭解，人們常基於多年前的經驗對你做出回應。有了這一層認識，不會讓他人的回應變得更不真實，但有助於你更有效地和他人相處。

## 步驟5：產生防禦心理

如果葉塔的生存法則F指出，產生那種感覺「我有意爭取當這個工作小組的召集人，但我擔心你們企圖藉機打壓我」是

很正常的，葉塔將直接進到步驟6，開始準備做出回應。

但如果葉塔的生存法則F指出，產生那種感覺並不妥，她很有可能會因而產生防禦心理。葉塔可能會藉著製造新問題，將她的防禦心理投射到其他地方。例如她可能會說：「山姆，你把我惹火了。」

或，她可能會藉由轉移話題忽視其防禦心理。例如她可能會說：「你認為明天會下雨嗎？」

她甚至拒絕承認自己產生防禦心理：「我沒有感覺受傷。我才不理會你們對我爭取當領導者有什麼看法。」

她甚至會曲解先前接收到訊息的意思：「山姆說那句話其實不是那個意思。」

很明顯的，在此一步驟，葉塔有很多種選擇。首先，她可以決定要不要防禦。如果她決定防禦，也有很多選項可供她選擇。你可能很難相信，在你發出訊息後，其他人卻需要採取一些作為來防著你。你最好相信這是一個事實，因為你早已發現，以前你想激起他人努力投入工作的動機，想要提振員工士氣，但不是每次都奏效。

## 步驟6：應對法則

不論做了何種選擇，到了此一步驟，葉塔做出了內部回應G。從聽到山姆的回話到現在，葉塔已經過了好幾個步驟。假設她的內部回應為：「我看得出你不情願做這件事，山姆，你把我惹火。」

即使到了此刻，葉塔仍有其他選擇，因為這仍然是一個內部回應。山姆不會聽到G，因為葉塔必須應用她個人的應對法

則。

她可能已習得此一應對法則，且養成經常奉行不諱的習慣：「凡事都要有禮貌。」此一法則可能將G轉變為H1：強忍不滿的情緒，並微笑說道：「謝謝你肯這麼主動幫忙。」

她也可能有另一個應對法則，認為：「對男人一定要表現得強勢一些。」此一法則可能會促使她說出H2：「不要以為我吃你那一套。你想做就去做，不想做也得做。」

這裡還有另一個可能的應對法則：「不要把生氣寫在臉上，也不要逼男人太甚。」如果是這樣的話，葉塔可能將G轉變為H3：「如果你要那樣想的話，那我自己來好了。」

## 步驟7：結果

最後一個步驟是實際結果的呈現。它包含葉塔說出的話H，但葉塔也有可能在其話語中混雜了一些東西，一併傳遞給對方。例如葉塔可能讓山姆得到一個印象：她的語調很平和，不像有受了傷或是在生氣的感覺。但葉塔也有可能洩露出她真正的情緒：讓他人從她說話的語氣，得知她受了傷；從她以手指著山姆，用近乎指控的手勢在說話，得知她的確被惹火了。

葉塔當然可以不用那麼真情流露，但和決定說什麼話比起來，要做到這一步確非易事。再者，葉塔還有其他選擇，可以不讓他人看到她的情緒洩了底。例如，葉塔可以攻擊山姆，或不攻擊山姆；起身離開，或留下來。她的動作越明顯，選項越多。

會說出「我必須攻擊他，我就是控制不了自己」這種話的人，不是在欺騙自己，就是心理不健全。外貌長得怎麼樣，聲

音好不好聽，不是一個人能控制的，但人們必須管束自己的行為。

結果出現後，葉塔和山姆的互動即走完了一個循環。由於這是一個外顯的結果，它將啟動山姆新一循環的互動過程。這樣一個循環從開始到結束，可能還不到一秒鐘。

從表面看，山姆說出：「我正有這個意思。」葉塔的回應卻是，帶著傷心的語氣，指著山姆很生氣地說道：「如果你要那樣想的話，那我自己來好了！」

## 瞭解溝通遭扭曲的原因

從A轉化為H居然需要走這麼長的一段路，讀者是否會產生一個疑問：一個人怎麼會如此難以瞭解另一個人的反應？如果你肯花工夫，用前述模型多研究一些案例，你將發現，從A轉化為H的這個過程之所以讓人們產生那麼多的困惑，主要受以下五個因素的影響：

1. **認知**：即便大家都看到相同的顯性部分，每一個人的認知卻不盡相同。那是因為，我們每一個人都是不一樣的個體，自然會有不同的認知。

2. **時間不對**：此種轉化程序涉及到過去發生的事或未來的事，這些事情和目前的溝通並無必然的邏輯關係。例如：「你以前都是這樣做的」，「你可能無法實現諾言」，「長久以來，我一直無能力應付發脾氣的人，因此我現在也無能力應付發脾氣的人」。

3. **地點不對**：此種轉化程序涉及到一些其他內容。「沒有人在場時，你可以對我透露那些私事，因此，當其他人在場時，你可以談他們的事。」「午餐之前你說你餓了，現在晚餐時間快到了，你一定餓壞了。」

4. **人不對**：此種轉化程序涉及到其他人。「我小時候調皮搗蛋，我母親常指著我痛斥。你也是女性。」「我弟弟對錢的來源總是交代不清，你和我弟弟一樣，有一頭卷髮。」「我之前三個老闆都沒有實現對我的諾言。你是我現在的老闆，顯然無法讓人信任。」

5. **自我價值**：我對自己的感覺，對我如何回應他人有深遠的影響。但你很難直接得知我對自己的感覺，過去是如此，現在亦復如此。

在這樣的環境下，難怪薩提爾估計約有百分之九十的溝通結果，和當事人真正想要溝通的目的無法調和，甚至互相矛盾。不調和的溝通一定會深深打擊士氣。惟有人與人能夠自由、正確無誤地交流資訊，才能有效提振士氣，讓人們產生認真工作的動機。

## 開始清楚明確的溝通

薩提爾的模型有助於解釋人類進行互動最大的一個矛盾現象。如果我專心注意他人的問題，他們會以更好的回應作為回報，但專心注意他人問題的一個方法是，我先坦誠告知他們我有什麼問題。薩提爾的模型幫助我們看清楚，在試著解決我的

問題，試著瞭解我為何做出如此愚蠢的事的過程中，他們自己的許多問題也隨著浮現出來。

我的學生及客戶常提出一些難倒我的問題。我覺得自己很愚蠢，但我不會讓他們察覺到這個事實，我用的方法就是讓他們覺得自己很愚蠢。我不會給他們明確、可靠的資訊。假設我語帶幽默，只對他們說：「啊，我實在想不出該如何解決這個問題，我覺得很不好意思，在你們面前像呆瓜一樣。」這是對我內部回應順序所做夠清楚、夠直接的一個交代了吧！

得到這樣的資訊，他們應該更瞭解我的處境，以後，當他們當上領導者，遇到有人提出難倒他們的問題時，即知道該用何種模型以為因應。不論作為領導者或追隨者，他們發現自己有許多新的選擇；亦即，這是他們獲得的一個可回報我的禮物：他們提供我正確的資訊，讓我瞭解他們內部回應的順序，或他們對我回應的認知。

據我所知，其他人是讓我們得到此一禮物的唯一來源。如果你還沒有此禮物，除非你先給某人一些東西，否則這個人可能不會自找麻煩送東西給你。我的施與受概念可簡化為一個簡單的公式：**告訴他們你看到什麼，有何感受，可能的話，告訴他們你對此感受有何感覺。**

這裡有另一個典型例子：「我想起來了，我曾問過你三遍，你何時才能完成這個進度已嚴重落後的案子。我覺得很不好意思，因為我像個獨裁者，對你一點都不信任。然而我太擔心這個案子無法如期完成，我實在想不出別的管理方法了。」

像這樣的話，一般人實在很難啟齒。事實上，你是在對人說：「我很脆弱，但我對自己很有信心。我對你也很放心，敢

對你透露我是一個如此脆弱的人。」讓對方知道你的脆弱後，等於開啟了一個渠道，讓你有機會取得所需的資訊：深入認識你自己的資訊。

別人可能會利用這個渠道攻擊你，這是選擇這樣做的潛在風險。依我的經驗，這並非最大風險。但最初幾次嘗試這樣做的時候，當事人確實會覺得此一風險非常巨大。從另一個角度思考，或許有助於一個人學習敞開自我。一個人在顯露其深處的自我時，並非在透露自我，因為一個人越隱藏自我，越容易被別人看到其愚蠢之處。那個上教堂做禮拜的女士以為自己打扮得越入時，越能矇混其他教友，殊不知，那隻爬上她頸後的蝨子，越讓人覺得噁心。

我所成立的研討會組織已變成一個很棒的地方，我可以透過他人對我進一步的認識，學習更認識自己。雖然，和所有參與研討會成員一樣，我需要多一點的勇氣，以汲取我最迫切需要得到的資訊——讓我從感覺很自在的高原期跌落到峽谷期的資訊。

◇ 自 ◇ 我 ◇ 檢 ◇ 核 ◇ 表 ◇

1. 試著回想你最近做過的一些蠢事。別人發現你做了那些蠢事，你作何反應？在追求攀登職涯高峰的過程中，你的自我防禦心理越來越重或越來越輕？對於你採取的自我防禦作為，你如何處置它們？

2. 你記得最近和他人進行一次讓你覺得很困惑的互動嗎？你是如何被捲進去的？

3. 你最近做了什麼，讓他人進一步瞭解你和他們的關係？舉例來說，當你被另一個問題分心時，你有讓他們知道你分心了嗎？

4. 你最近一次笑自己有多蠢是什麼時候？你最近一次隨著別人笑自己有多蠢是什麼時候？

5. 參與某個普通的互動，你通常花多少時間觀察自己？其他參與者花多少時間觀察你？你花多少時間觀察其他成員的互動？

6. 想想看，哪些人經常和你互動。其中哪些人最有可能和你交換彼此觀察的心得？什麼原因讓你迄今未和這些人達成彼此交換觀察心得的協議？

7. 想辦法錄製你和他人互動的影片，盡量選擇你和他人能夠很自然的彼此回應的場所。至少看兩次片子，尤其注意看一些從未看過的細節。可能的話，一直看下去，直到你找不到可被注意到的新細節。然後把帶子存放起來，半年後才播放一次，看看你看到了什麼以前未發現之處。

8. 以片中和他人的互動為例，詳細寫下你內部程序的各步驟。試著和片中另一個當事人分享你寫的東西，解釋整個互動過程中的顯性部分。

9. 以某次互動為例，分析當事人所說每一個句子中所涉及到的認知、時間、地點、人及自我價值。你發現自己有何與眾不同之處嗎？

# 11 激勵他人的第二大障礙

The Second Great Obstacle to Motivating Others

我擔任團隊領導者，負責完成某項任務。當任務看似要失敗時，我將：

a. 任務擺第一，屬下次要。

b. 屬下擺第一，任務次要。

c. 平衡屬下與任務。

d. 逃離這個艱困情勢。

e. 以上皆非。

上列題目取材自某本經營管理書籍。從題意來看，這是個
領導困境：某項任務必須在某時限內完成，或達臻某種
結果，否則後果嚴重；但只有你知道後果的嚴重性。如果你要
求屬下加班或做出其他貢獻，以達成任務，你就是把任務擺第
一，屬下屈居第二。如果你讓屬下知道任務的重要性，讓成員
決定是否要完成任務，你就是將屬下擺第一，任務次要。

　　如果你是一個獨立作業者，不會面對這個困局。因為獨立
作業者只一個人工作，自然會在生活與工作之間取得一個平衡
點。即便你渾然不覺，你仍然在做平衡工作。但是與他人共
事，你就會面對這種困境，而且不見得處理得好。

　　事實上，領導一個優秀的團隊，做人與做事並不衝突。眾
多人及許多教科書卻認為，做人與做事之間必然存在衝突，因
為他們陷入激勵他人的第二項障礙。

　　這是一個很容易蹈入的陷阱。我們將在本章中，探討人與
事的關係。我們先來談談，某獨立作業者必須在某時限內完成
某無趣的工作。


## 無趣的工作

　　我出差一個月返家，書桌上堆著一疊信件。其中一封信是
某雜誌社寄來，裡頭有數篇文章，編輯邀請我負責審稿。這些
文章的主題是：把工作擺第一或把屬下擺第一的主管，哪一種
效率較佳？我對這個主題很有興趣，但這些文章很枯燥，因此
我拖到期限的最後一天早上才動手寫審稿意見。

　　那天早上我一早起來，發現一隻老鼠在浴室裡亂跑，令我

大吃一驚。如果還有任何事比審閱一篇枯燥的文章還無趣，那就是抓老鼠。所以我抱出我的貓比佛利，指派她去抓老鼠。然後我去老婆的書房看文稿。

## 工作導向領導風格之教戰守則

第一篇文章的作者認為工作第一。我的工作是仔細閱讀文章，但我發覺自己並不專心。我心中想著那隻老鼠，以及我的人身安全。我發現自己重複讀著同一個句子，卻無法瞭解它的意義。顯然地，我已獲臻一項原則，於是我把它寫下來：

**教戰守則1：性命攸關的事，人務必擺在第一，毫無選擇的餘地。**

人如果擔心自己的安危，必不能做好工作，除非這工作值得犧牲生命。

我的問題部分來自於對比佛利缺乏信心。她並沒有盡忠職務守護門戶，卻跳進我懷裡撒嬌。比佛利不會抓老鼠，但老鼠不知道，所以，比佛利是一個優秀的老鼠領導者。於是我寫下激勵他人的第二項原則：

**教戰守則2：如果工作的技術性不高，領導者無需具備技術能力，只須以恐懼進行領導。**

比佛利是老鼠的優秀主管，可以阻止老鼠進入房間，但無法訓練老鼠耍特技。

我把比佛利放回地板，好讓她繼續執行職務。我回到那疊文章，卻仍然無法專心。為了排解無聊，我開始分析文章的寫

作風格，而不是文章的內容。我發現自己正在做的事，於是寫下第三項原則：

**教戰守則3：有高超技術背景的人，可以將任何工作轉化成技術性工作，以逃避自己不願意做的工作。**

為了避免運用這個方法逃避工作，主管必須具有敏銳的洞察力，檢視自己正在做的工作，並即時停止不適當的做法。

我經常用來逃避閱讀沉悶文章的方法，稱為「迷霧指數」（Fog Index），亦即根據句子的平均長度評斷作者的寫作技巧。一般而言，科技文章兩個逗點之間，不應該超過十二個字，而且使用長句的頻率不宜過高。但這篇文章的作者X先生，兩個逗點之間經常超過三十個字，因此，這篇文章的催眠效果，勝過兩顆安眠藥，或一杯熱牛奶，或深夜重播電影。

文章或書籍的作者即是領導者。作者引領讀者深入內容，因此，寫作風格就是領導風格。我相信X先生撰寫這篇文章時，並沒有考慮到讀者，也就是在下。他顯然是個工作導向的領導者。根據迷霧指數，我給X先生不及格分數，並且寫下第四項原則：

**教戰守則4：不關心屬下的領導者無法領導任何人，除非被領導者沒有其他選擇。**

善於解決問題的高手，必有許多機會供他們選擇，因此他們不會被不關心屬下的主管踩躪。

## 以人為導向的領導風格會更好嗎？

X先生顯然是個工作取向的作者，完全不考慮讀者。第二篇文章由Y先生撰寫，相較之下容易閱讀，我給他迷霧指數80分。Y先生顯然很在意能否清楚表達自己的想法，可惜他的文章內容過於空洞。讀完兩章以後，我決定善待自己，不再繼續讀下去；而且我也善待讀者諸君，不把他的文章列印出來和各位分享。

經濟學家包汀（Kenneth Boulding）曾說過，世界上有兩種人：一種把世間事物區分為兩類；另一種則不這樣做。Y先生顯然是第一種人，也就是二分法型的人。運用二分法，Y先生可以就任何主題寫出長篇大論──而且言之無物。

對我而言，二分法的文章思維錯亂，無法消化。於是我再寫下一個原則：

**教戰守則5：胸中無物卻假裝才高八斗，即便你非常關心他人，也不會有追隨者。**

那麼，X先生和Y先生，哪一位的寫作風格比較差呢？我認為Y先生略遜一籌。讀X先生的文章，我認為他文筆拙劣。讀Y先生的文章，我認為他言之無物。X先生的文章使我無法專心，Y先生的文章則使我無法卒讀。我認為，不論是作者、老師、教練或任何一種領導者，胸中無物即是最大的罪惡。

## 溫伯格目標

當我寫一本書或一篇文章或舉辦一個工作坊，都以下列原

則衡量成敗：

**當我完成的時候，他們是否對於討論的主題較不關心？**

如果答案是肯定的，表示我失敗。如果答案是否定的，表示我相當成功。這就是所謂的溫伯格目標（Weinberg Target），也是我的目標。你認為我的目標過於簡單嗎？回想你受教育的經驗：你選修的課程，你唸過的書，你看過的電影。其中有多少達臻溫伯格的標準？十分之一？於是，我又獲得另一個原則：

**教戰守則6：工作取向的領導者常高估自己的成就。**

這也是領導者的信條。不論是教導二十人班級的老師，擔任四個人的教練，或負責企劃攸關百萬人生活的案子，都應該遵奉這個信條。


## 計劃及未來

我寫第六項教戰守則時，那隻老鼠突然從浴室竄出來，溜過睡著的比佛利身邊。我突然想到詩人羅伯・柏恩斯，他也曾撞見一隻小老鼠。他的鋤犁摧毀了它的巢穴，於是他寫了一首詩「致小老鼠」（To a Mouse）：

小老鼠，不只是你，
許多事物都證明，深謀遠慮只是白費力氣。
人也罷，鼠也罷，最如意的安排也不免常出意外！
為了曾許諾的歡樂，

留給我們的，只是無盡的悲傷。

領導者對於自己的工作所造成的影響，往往過於樂觀。他們深信自己的成就將帶給世界快樂，以致無暇關心自己的領導對屬下造成的衝擊。根據我的經驗，工程師和電腦程式設計師都有這種過於樂觀的毛病。最後，他們的成就都沒有先前想像的重要，徒留慨歎：「為了曾許諾的歡樂，留給我們的，只是無盡的悲傷。」兩百年前的人鼠關係，迄今並沒有改變。

古典領導理論甚少討論科技產業的狀況。這些古典理論的主要研究對象是軍隊，而軍人願意為任務犧牲生命。對於工程師、程式設計師、教師而言，這個假設條件並不存在。根據這個現象，我又得到一個原則：

**教戰守則 7：我們從事的工作，很少值得我們犧牲對於未來的可能發展。**

如果你無法激勵他人做某項工作，或許你不應該承擔這份工作。

一個銅板必有兩面。如果你重視人甚於工作，或許你將失去完成任務的機會。但長久之後，這項任務已被遺忘，這些人卻仍然在你身邊，繼續共事，繼續影響更多人。

進一步而言，把人擺在第一位不一定減少任務成功的機率。大多數領導研究都是針對例行性工作，譬如如何在生產線上擔任主管，但複雜的技術性工作則是另一回事。當計劃發生問題的時候，只有適任的人有能力出面解決問題。我曾聽過下列原則數百遍：

教戰守則8：面對複雜的工作，沒有哪個領導者能保證，計劃不會「誤入歧途」。

面對複雜的情勢，即便是工作取向的領導者，也必須將人擺在第一位，否則無法成事。

# 第二大障礙

這些教戰守則告訴我們，擔任技術性工作的領導者，對於本章開頭的問題，應該選擇e，以上皆非。面對複雜的工作，我無法在人和工作之間選擇，因為這樣做將使我無法分別人與事。

任何一項工作，即便是一個人的工作，都牽涉到人。我們不是為了抽象的利益工作，而是為某些人的利益而工作。我們不是為了和平而努力，而是為了某些人能享有和平生活而努力。與我們工作有關的人包括我們的顧客，我們的經理，我們的同事，以及我們公司的董事。即便我們不能直接看見他們，他們仍然與我們的工作有關。

如果我們認為工作上的抉擇只在人與事之間，很可能忽略了真正的抉擇：在這一群人或在那一群人之間做抉擇。我們有時會否認這種抉擇，因為確實難以抉擇。如果我們說：「我們不能執行你的想法，因為我們受預算限制。」會比較容易；如果我們說：「我們不能執行你的想法，因為股東將對分紅不滿。」則比較難以啟齒。

但是，否認必須在不同的群體之間做選擇，卻抹煞了正確

解讀問題的能力。因此,如果你否認事物背後人的因素,即無法成為成功的問題解決領導者。這又衍生另一項原則,也是最重要的原則:

**教戰守則9:成功的問題解決型領導者,必將人擺在第一位。**

人與事相互矛盾的看法是激勵他人的第二大障礙,因為這個觀念誤以為事務與人同樣真實,而且不相信「謀事在人,成事也在人」。如果你認為人與事對立,或許你可以偶爾成功激勵他人,但他人終將看穿你,即便你無法看穿自己。一旦他人瞭解你愚弄他們,你的激勵他人之路已走到盡頭。

## 身為人的領導者

於是,我已經累積多項教戰守則,足夠寫一篇文章。所以我決定停止抗拒自己的人性呼喚,放棄編審,開始寫我自己的文章。

下列段落是薩提爾(Virginia Satir)對於領導者人性的觀點。這篇文章是為醫生寫的,讀者可以將「醫生」改為「領導者」:

懸壺濟世是相當崇高的工作。為了擔負這項工作,醫生必須持續在人性和成熟度方面成長。我們面對的是人的生命。我認為,學習當一名醫生和學習當水電工迥然不同。水電工只需技術純熟即可,醫生則不只於此。水電工無需愛一根水管才修理它。醫生不論屬於任何一種學派,任何一種技術派別,都必

須以人性為立場，像對待自己一樣對待他人。

我教學的時候，非常重視醫療的人性面。我們是人，我們的醫療對象也是人。我們必須瞭解自己、愛自己，才能看見、聽見、觸見並瞭解我們的病人。我們營造的醫療氛圍，必須讓病人可以看見、聽見、觸見並瞭解我們。

這段文章非常重視病人，使我聯想到待審文章的作者，不是也正焦心等候嗎？於是我決定重新拿起文章來看。

我再拿起編輯的信來看。編輯在信中寫道，作者和編審的名字都暫不揭露，以使編審工作「公正客觀」。我心中一驚，這種安排表示我和作者無法彼此看見、聽見、觸見並相互瞭解——即是秉持人與事分開的原則，進行人與人的分隔。這是哪門子的工作？按照編輯的看法，我應該扮演法官的角色，決定誰是贏家、誰是輸家。

這種匿名編審方式，源自於互動關係的威脅利誘模式。匿名評審方式假設：如果我給某篇文章不好的評等，作者將對我進行報復；因為我擔心受報復，所以以匿名方式審稿，以保持公正；而且，如果我知道作者是何人，天秤將會偏頗。

我明白自己無法在威脅利誘模式中進行審稿。我也不願意玩貓抓老鼠的遊戲。於是我寫一封信給編輯，告訴他我拒絕以匿名方式審稿，如果作者願意聯絡，我可以協助他們把文章寫得更好。最後，兩篇更好的文章出爐了，而且我多了兩位朋友以及一個原則：

**教戰守則10：領導者的工作對象就是人。除了人以外，領導者並無其他工作。**

還有一件事：那隻老鼠終於逃走了。

1. 上次你以威嚇手段領導，是什麼時候的事？結果如何？
2. 上次你試著把某工作，轉化為你親自上陣的技術性工作，
   是什麼時候的事？結果如何？
3. 你曾否將事務置於人之上，現在你後悔了？你曾否將人置
   於事務之上，現在你後悔了？
4. 人們與你共事之後，有什麼改變？
5. 人們為你做事之後，有什麼改變？
6. 你常逃避哪一種狀況？用什麼方法脫身？
7. 你是否受行為方式與你相似的人激勵？

# 12 幫助他人會產生的問題
## The Problem of Helping Others

人們總是不能如願地以他們的方式，成功協助別人。這是現實生活的無奈。但是回頭想想，顧問向客戶提的建議，顧問自己聽得進去？做得到嗎？

顧問試圖協助客戶之前，應該先自我評估建言內容。

——心理學家尤金‧甘迺迪（Eugene Kennedy）
《*On Becoming a Counselor*》

有機模型主張，領導是一個過程，在這個過程中，領導者創造使每個人更強而有力的氛圍。這個定義相當吸引人，因為每一個人都希望幫助他人，而創造使人強而有力的環境，即是幫助他人的方式之一。這項工作並不容易，我們將在本章加以討論。

## 助人能力與生俱來

我們曾經討論過，問題解決型領導模式是一種過程，也就是做事情的方法。在我們的社會，工作的實質內容被認為是困難的，必須由專家處理。而其過程則相對簡單，每個人都應該知道。學校聘請教師，是因為他們精熟某科目，而不是領導學生的技巧良好。程式設計師被擢昇為主管，是因為他技術優良；至於領導能力，則每個人本來就有。

許多人因為曾偶然見過一、兩個天才，似乎不費吹灰之力就具有領導技巧，因此形成上述迷思。就如同少數人沒經過正式訓練，就能操作電腦，而大多數人卻得努力學習才懂得電腦。具有電腦天分固然可喜；但他們在電腦方面的成就，比得上經過一番努力才學會電腦的人嗎？威脅利誘模型使我們形成錯誤判斷，因此我們羞於努力學習。

羞於學習的心態，足以解釋許多人將工作拆解為人與事兩部分。誠如尤金‧甘酒迪所說的：「人們總是不能如願地以他們的方式，成功協助別人。」當我們明白這一點之後，就會為自己協助他人的能力不足感到羞愧。我們假裝人與事各不相干，因此將人際關係的失敗歸咎於機械性的技術失敗。譬如，

「我們無法讓程式即時上線運作。」這句話比較容易說出口；而「我的領導技巧不好，無法幫助傑克成為優秀的電腦操作人員。」這句話卻難以啟齒。

「助人能力與生俱來」的迷思造成惡性循環。多數主管不曾學習過領導，因此不知道如何幫助他人。我們將在本章破解這項迷思，並以實際例證說明，技術領導者必須學習如何營造協助他人的工作環境。

## 試圖提供幫助：一項練習

為了讓潛在領導者實習營造協助他人的工作環境，我們設計了下列練習：將學員分成兩隊，各自設計一個全新的事物，然後利用萬能玩具桶做出這項事物。兩隊事先都不知道，設計完成之後將進行交換（設計內容可能沒有草圖），各為對方完成實際製作。兩隊只能以傳字條的方式進行溝通，以便在練習結束後，檢討雙方相互協助的情形。

我記得有一次練習，藍隊的設計相當抽象。我擔心綠隊沒辦法進行製作，於是在不影響練習的情形下，我試圖為藍隊解困：「或許為你們設計的東西取一個名字，能有些幫助。」於是藍隊為他們的設計取名為「百寶箱」。這個名字相當有創意，但我不認為對綠隊有幫助。我試著想像綠隊看見這名字的反應。

稍後，兩隊互相交換設計。藍隊開始製作綠隊設計的「小丑五弦琴」。藍隊的艾力克斯突然說：「他們沒有辦法做成我們的『百寶箱』。」

「為什麼？」凱西說。

「因為我們設計的東西，並沒有拆開綠色和黃色塑膠片。」

「所以？」

「你仔細看小丑五弦琴，他們已經將黃色和綠色的塑膠片拆開，而且不可能復原，所以他們沒辦法做出百寶箱。」

「我們能不能互相交換塑膠片？」凱西徵求我的同意。

「你們都知道規則，」我提醒他們：「兩隊只能交換字條。」

「但我們能交換塑膠片嗎？否則他們即使知道欠缺零件，交換字條也無濟於事。」

「沒問題，」我同意，希望這樣做能幫得上忙：「如果綠隊回覆字條，表示願意交換塑膠片，就可以進行交換。」

艾力克斯和凱西寫好字條，交給我傳遞：

親愛的綠隊：

我們願意和你交換零件，因為百寶箱需要神祕零件。

愛你們的藍隊

綠隊看了字條，不太確定其中的意義。他們不反對交換零件，但他們已經開始製作百寶箱，不太願意拆解零件。

尼爾斯問我：「他們為什麼要交換零件？」

「我只負責傳遞字條，不知道原因。」

「或許他們需要我們未明確標示的零件，」溫妮塔說：「我剛才就說過，他們搞不懂那些零件是盒蓋和橡皮圈。」

「這問題已經討論過了。一旦他們明白那是五弦琴，就什

麼都知道了。」

「或許他們沒有橡皮圈，小的萬能玩具桶沒有橡皮圈。」

「好吧，」尼爾斯說：「我們來幫他們一把，雖然我覺得沒有必要。」於是他在藍隊的訊息下方回覆：

> 親愛的藍隊：
> 我們願意交換零件。組合一套設計所需的零件裝在罐子裡。
>
> 綠隊

藍隊不懂得這訊息的意思，以致沒注意到綠隊忘了寫「愛你的」三個字。「他們希望交換部分零件嗎？」凱西問：「可以這樣做嗎？」

「我認為他們想交換整個模型。」艾力克斯說：「可以這樣做嗎？」

「不行，」我回答：「交換模型就失去做這個練習的目的了。」

「好吧，」凱西說：「但是時間不多了。」她在綠隊的回覆訊息下方，龍飛鳳舞寫好訊息，交給我。然後她從皮包裡掏出兩毛五分硬幣，在我面前晃動：「如果你在三分鐘內，傳訊息給對方，並且把零件帶回來，這枚硬幣就是你的。」這枚小費顯然太小，所以我還是在走廊打開字條偷看：

> 你們回覆的訊息意思不清。我們希望交換「百寶箱」零件。你們願意嗎？如果同意，請捎來零件。

顯然凱西太匆忙，以致忘了寫「愛你的藍隊」。但是綠隊

沒有注意到。「你看，」溫妮塔說：「他們不知道，自己手上已有全部零件。現在我們已經不能和他們交換全部零件，因為我們沒有時間把模型拆開、交換，然後重做。」

「這樣吧，」尼爾斯說：「你繼續做模型，我來讓他們徹底瞭解情形。」於是他在對方的訊息下頭寫道：

> 我們的「百寶箱」零件包含「小丑五弦琴」的零件，全部包含而且唯一包含。我們對「百寶箱」零件有興趣，全部有興趣而且唯一有興趣。

溫妮塔看了訊息，在下頭加註：

> 附記：盒蓋和橡皮圈就是「未標示零件」。

或許她不應該畫蛇添足，因為艾力克斯覺得這附記不友善。「他們以為我們是白痴嗎？我們只花兩分鐘就瞭解他們的設計圖。但如果我們不告訴他們，他們將永遠無法瞭解我們設計的東西，塑膠片不能拆解。」

「或許我們應該放棄繼續溝通。」凱西建議。

「不，不幫他們是不公平的。我再試一次。」於是艾力克斯再寫訊息：

> 現在已無法拆解。不交換零件，你們將無法做成「百寶箱」。

我看不懂這訊息，顯然尼爾斯也看不懂：「他們在威脅我們嗎？」

「我不這麼認為，」溫妮塔說：「或許他們認為我們不夠

聰明，無法做成『百寶箱』。」

「這樣的話，」尼爾斯對我說：「你告訴他們，他們留著萬能玩具桶好了。」

「抱歉，」我說：「我不傳遞口頭訊息，你必須用寫的。」

顯然尼爾斯認為，不禮貌的話寫成白紙黑字不太恰當，訊息就此中斷。我間歇聽見幾句抱怨的話，但都沒有造成爭執。

## 從「幫助」中學到的課題

這是一個獨立事件，過程十分幽默，卻有更多的沮喪和憤怒。問題解決型領導者幾乎每天經歷相同情節。細節或許不同，劇本大綱則萬變不離其宗。剛開始時誠心誠意想幫忙，由於溝通不良，雙方火氣愈來愈大，最後以不良結果收場。

這事件的獨特之處是，多了一個旁觀者，以及傳遞訊息的字條，使我們得以檢討整個事件。當人們追求金錢、權力或其他個人想望（如幫助他人），卻遭遇挫折時，通常將他們的動機道德化。藍隊和綠隊都想幫助對方，卻造成災難，我們能從中學到什麼？

第一課是：

**企圖幫助他人雖然動機高尚，實行起來卻不容易。**

藍隊認為自己出於助人之心，應該很容易做到。因此他們第一個訊息粗枝大葉，使事情脫序。

第二課是：

**如果他人不希望你幫忙，即便你聰明過人，你的幫助將成枉然。**

如果綠隊明白實際狀況，將樂於接受藍隊的協助。由於綠隊不明白實際狀況，以為藍隊第一個訊息是尋求幫助，以為第二個訊息是懷疑綠隊的能力。

藍隊的模糊用語教我們第三課：

**有效的協助，始自於雙方都瞭解問題的癥結。**

有趣的是，藍隊認為綠隊看不起他們；但藍隊作夢也沒想到，綠隊也認為藍隊看扁他們。綠隊也陷入相同的錯誤認知。這也是主管經常遭遇的問題：主管企圖幫助屬下，屬下卻認為是侮辱。

避免這種錯誤的方法是，設身處地站在屬下的立場設想：如果我是屬下，是否需要這種協助。如果你無法確定，想辦法弄清楚。因為你無法確知屬下是否需要協助，也無法確知屬下是否瞭解問題癥結。因此我們學到第四課：

**查清楚他人是否需要協助。**

最簡單的查詢方法是，詢問對方是否需要協助，但兩隊都沒有做這個動作。

兩隊都企圖弄清楚問題的癥結，卻愈扯愈遠，使狀況起了變化，問題也起了變化。當他們發現幫助對方必須支付若干成本時，即改變助人的心意。因此，第五課是：

**他人同意你給予協助，不表示他一輩子都需要你協助。**

　　承認自己協助失敗並沒有關係，因為你可以即時踩煞車，免得狀況惡化。

　　大多數領導者很難接受第六課。這些領導者認為，一旦給予他人協助，即不能自私地破壞雙方的協定，雖然雙方並沒有協定。他們似乎不明白，幫助他人必須給予他人實質好處，但很少人能認清這一點。

　　第六課：

**伸手幫助他人的人，都希望獲得某種回報，雖然他們不自知。**

　　藍隊深怕綠隊無法製作出藍隊的設計，綠隊將因而無法欣賞藍隊的傑作。如果藍隊寫給對方的訊息如下，狀況的發展將迥然不同：

　　我們設計「百寶箱」時犯了一個錯誤。我們的錯誤造成你們製作上的困難，因為你們需要特別的零件，而你們又沒有這零件。我們很希望「百寶箱」能製作成功，但是根據遊戲規則，必須你們同意交換零件，我們才能把零件送給你們。你們是否願意幫助我們，同意交換零件？

　　當然，我這種完美表意的訊息，顯然是事後諸葛的傑作；但是，我協助兩隊的意圖又是什麼呢？我先建議給「百寶箱」取名字，又扭曲規則同意交換零件。但我並沒有想到自己給予兩隊協助的動機，這又給我們一課：

**多數人明白伸手幫助他人必有私心，而且認為自己是唯一**

的例外。

　　事後進行檢討，綠隊承認「百寶箱」這個名字確有幫助。尼爾斯說：「我們認為，藍隊試著讓我們裝可愛。」他的看法相當典型。

　　**幫助他人常被解讀為試圖干擾。**

　　我們可以由兩個方向運用這一課：第一是，你企圖協助他人時遭逢抗拒，想一想你是否干擾了他？第二是，當你認為他人企圖干擾你時，對方是不是想幫助你？

　　這或許是最重要的一課：

　　**多數人都試著想幫助人，雖然他們運用的方法千奇百怪。**

　　這不表示助人者一定幫得上忙，也不表示你必須接受對方的幫助，但有助於你瞭解對方究竟在做什麼。

## 幫助他人與自我評價

　　回頭檢視雙方傳遞訊息的字條，我發現只有第一個訊息寫著「愛你的」三個字，此後不論在書面及心態上都缺少了愛。這使我想起《聖經》的黃金律（Golden Rule），常被人以兩種不同的方式解讀：

　　**要別人怎樣對待你，就怎樣對待別人。**
　　**愛你的鄰人如同愛自己。**

第一種版本常被解讀為：

**幫助你的鄰人。**

根據我幫助人及被幫助的經驗，我做如是解讀：

**處於鄰人的地位設想，你是否希望獲得協助，希望以哪一種方式獲得協助；然後才給予協助。**

我們希望獲得哪一種協助？我不希望發自於憐憫的協助，也不希望有私心的協助。這兩種情形，表示施助者不把我當人看待。我希望別人對於我的任何行為都是出自於愛——不是羅曼蒂克、私心的小愛，而是愛世人的大愛。

所以，如果你希望幫助他人，不論是直接協助或營造有助於他人的氛圍，你都必須先讓他們相信你關心他們；而使他人相信你關心他們的唯一方法是，你確實關心他們。假意關心他人，騙得了一時，騙不了長久。所以黃金律的第二句說：「愛你的鄰人。」而不是：「假裝愛你的鄰人。」千萬別騙自己。如果不真心愛你領導的人，你將永遠無法成為成功的領導者。

我無法教你如何關心天下蒼生，也無法教你如何關心特定人士。但是我知道，如果你不關心自己，就不可能關心他人。誡命並不是說：「即便你認為自己卑湤猥瑣，仍然可以愛你的鄰人。」擁抱蒼生的能力——即是幫助他人、領導他人的力量泉源——始自於愛自己。

我們已見過實例，試圖幫助他人不保證一定成功。幫助他人遭逢阻力時，你對自己的評價將決定你的因應方式。如果你關心自己，必能堅此百忍，化解阻力；必要的時候放棄給予協

助，使自己不受傷害。如果你對自己的評價不高，你只好先保護自己。幫助他人遭逢阻力，你就窘態畢露。你可能在需要堅毅決心之時，毅然放棄；或是繼續堅持下去，直到確實證明對方遭受傷害，甚至你也遭受傷害；或是你將幫助他人失敗的原因歸咎於他人，讓自己全身而退。

如果你對於自己的評價不高，激勵他人的能力必然不足。著手幫助他人之前，必須先自我加強。我們將在下一章討論這個主題。

## 自我檢核表

1. 尤金・甘迺迪在《On Becoming a Counselor》這本書的第十四頁中說：「行善者在歷史上造成許多傷害——這類強悍族群眼中的道德光輝，無法彌補他們待人嚴苛的態度。所謂的行善者，即是基於自己的需求對待他人。因此，行善者的原始意圖即是，不計代價使他人承受善行。」你希望成為領導者以對他人行善嗎？你是在行善，還是逼迫他人承受你的善行？你能分辨兩者嗎？

2. 你是否曾經歷，他人強行給予你某種協助？當時你感覺如何？如何因應？

3. 你現在是否處於幫助的相對關係？如果你正處於這種關係，你的合約內容是什麼，對方的合約內容又是什麼？

4. 回想最近你曾經歷過的助人情景，你希望從中得到什麼？可能的話，回憶數種情形，是否能歸納出一種類型？

5. 你是否有同事，讓你很難運用《聖經》中的黃金律與他相處？此人的哪一特點使你難以對他產生關懷？你自己是否

具有同樣特點？

6. 回想最近一次，他人似乎故意阻撓你工作的情景？企圖想像，對方可能真心想幫助你，即便那片真心相當虛偽。可能的話，直接和對方溝通，試著聆聽他究竟想做什麼。

7. 白金定律（Platinum Rule）云：「以他人希望你對待他們的方式，對待他人。」與黃金律相比較，哪一種定律較適合做為幫助他人的指導原則？如果他人希望你以某種方式幫助，你卻不喜歡那種方式，怎麼辦？

# 13 學習成為一個激勵者
## Learning to Be a Motivator

為什麼要閱讀本書來學習如何交友呢？為什麼不向最得人緣的人學習交友技術呢？這個人是誰？或許明天你就能在街上遇見他。當你走到距離他十呎附近，他便開始向你搖首擺尾。如果你停下來拍拍他，他就會高興得向你表示親熱。而且你知道，他的親密舉動沒有隱藏任何動機：他不是要賣房子給你，也不是想要和你結婚。

——戴爾・卡內基（Dale Carnegie）
《卡內基溝通與人際關係》（*How to Win Friends and Influence People*）

自我評價之於影響他人，確實非常重要。但影響他人的技巧呢？即使你不是非常喜歡自己，你仍然希望有指導原則，能增強你影響他人的力量。

或許真有這種指導原則。但我坐下來撰寫本章內容時，卻無法思索出任何具有重要意義的指導原則。不僅如此，我也想不透為何我思索不出來。我試著用好幾種方式撰寫本章，卻徒勞無功。最後，我向自己承認撰寫本章確有困難。於是，困難的藩籬被突破了，你終於得以閱讀本章。

## 永遠保持真誠（不論你是否真心）

思尋本章概念時，我翻閱戴爾‧卡內基的《卡內基溝通與人際關係》。毫無疑問地，這是一本長期暢銷的激勵書籍，四十多年來一直名列暢銷書排行榜[1]，而且衍生許許多模仿的勵志書籍。還有什麼比這本書更能啟發靈感的嗎？

十歲的時候，我家裡就有這本書。當時我讀遍家裡的每一本書，包括這本名著。我不但不喜歡它，而且嫌惡它。四十年來，每當有人提起卡內基或這本書，我即輕蔑地加以批評。

數年前有一次，我被暴風雪困在科羅拉多州（Colorado）羅華森林（Rawah Wilderness）的一間狩獵小屋，足足有三天。我發現屋裡有一本《卡內基溝通與人際關係》，於是決定拿起來閱讀，看看自己四十年來改變了多少。

---

[1] 編註：該原文書出版年份為1936年，距今已有70年歷史，但仍為亞馬遜網路書店的暢銷書籍。

為了快速獲得答案，我先翻閱待人處世原則的部分。當我看到「經常微笑」、「衷心讓他人覺得他很重要」這些原則時，心中不禁冒火。

我為什麼生氣？因為我想起世界上最傑出的偽君子的第一原則即是：

**永遠保持真誠（不論你是否真心）。**

我認為，背誦處世原則以贏取友誼或影響他人的人，是最低賤的騙徒。我希望和他們毫無瓜葛，而且我認為閱讀充斥這類原則的書籍，是世界上第二糟糕的事。當然，世界上第一糟糕的事，便是撰寫這樣的一本書。


# 生存法則

我非常生氣，幾乎想把這本書再塵封四十年。但是狩獵小屋裡只有這一本書，我只好繼續讀下去。還好我讀了。

但是我換一個方式，按照作者的指示，從頭讀起。我注意到的第一件事是，不論一千五百萬讀者閱讀此書的動機為何，卡內基在書中顯得相當真誠。雖然我沒有見過他，卻覺得他真心誠意想幫助我贏取友誼並影響他人。

顯然地，經過四十年來，我的心態已有若干改變，因為我讀這本書的感覺和十歲時迥然不同。十歲的時候，我心中已具有下列根深柢固的原則：

**若有人表示想幫助你，千萬別相信他。**

　　這個原則從何而來？我並不知道，但現在我很訝異當時會有這個原則。我們在第十章分析互動關係時曾指出，每個人都有和他人相處的原則。這些所謂的「生存法則」，如果是在長大成人之後習得，通常知道從何處學來。譬如銀行職員知道上班應該如何穿著，士兵知道應該向誰敬禮。但有些生存法則則是自幼即形成，因此我們不記得是如何形成的。

　　自幼形成的法則伴隨著我們成長，使我們得以適當應對人與事，因此我們對這些原則帶有感情。這些原則形成時，我們對世事仍然懵懂，因此我們認為不是學來的，而是宇宙間的真理。所以，我還有另一項生存法則：

**任何人試圖教導你宇宙真理，務必小心。**

　　我拒絕接受卡內基的領導，上一條法則也是原因之一。


## 後設法則

　　問題解決型領導者非常重視法則，因為法則對於一個人的思考方式影響巨大。如果你想激勵某人以新方法做事情，但那人對於掌權者持懷疑態度，你就很可能遭遇困難。瞭解對方心中有哪些法則，將能幫助你與對方互動。

　　有些法則相當重要。譬如我自己的法則：「任何人試圖教導你宇宙真理，務必小心。」因為它是法則的法則，即後設法則，所以加倍重要。後設法則掌控所有法則的思維觀念，也是學習新法則的基礎。因此，後設法則能決定，我們是否容易改變與他人互動的方式。

十歲的時候，我已有完備的後設法則，因此我不喜歡卡內基的書，也不喜歡他的工作坊，或任何與人際互動有關的書籍和課程。在改變我與人的互動關係之前，我必須先改變我的生存法則和後設法則。要如何改變這些法則呢？──如果我願意改變，就能改變。

即便我們不刻意著力，生存法則也會改變。但生存法則不知不覺地改變，需要極冗長的時間。我原先秉持的後設法則：

**任何人試圖教導你宇宙真理，務必小心。**

經過四十年與他人互動後，這項法則逐漸轉變成：

**他人表示想幫助你時，你可以信任他。因為如果你誤信他，你可能還能照顧自己而倖存。**

這項新法則使我得以繼續閱讀卡內基的著作。

## 將法則轉換成指導原則

假設你最近晉升為某電腦團隊的主管。你認為自己做得很好，直到管理階層進行一項問卷調查，顯示你的團隊成員認為你「蠻橫」、「事事干預」，因此不把某項計劃案交給你做。你生氣又受傷害，對自己說：「我只是想幫助他們。」

你可以向團隊成員解釋，表明你的原意是想幫助他們，但是你也明白，這樣做只會讓他們更覺得你過度干預。或許你可以反身自省。或許你的生氣和受傷害，表示你心中的生存法則，強迫屬下接受你的幫助。你的生存法則即是你成為一個有

效領導者的障礙，所以你不必等四十年再改變它。你可以運用六步驟法，循序漸進地創造一個更有效的願景，將法則轉變為指導原則。

## 步驟1：清楚陳述你既有的生存法則

某些人的法則為：
我必須幫助所有的女性。

某些人的法則為：
我必須幫助年輕人。

假設你的法則為：
我必須幫助每一個人。

這項陳述即是改變法則的第一步。

## 步驟2：說明這項法則的生存價值，
## 　　　並和你的潛意識進行交易

一旦你清楚陳述生存法則：「我必須幫助每一個人。」你的第一個反應應該是試著破除這項原則。但即便你如此做了，仍然可能是個嚴重的錯誤。讓我們看看為什麼。

每一項法則都有它的理由。如果你能認清一項法則的理由，會比較容易改變它。譬如，我遵守的交通規則為「靠右行駛」，但我在英國或澳大利亞駕車時，很難改成「靠左行駛」。但由於生存法則的運作，我能在短短幾天內就能像當地人一樣熟練地靠左行駛。

你當然認為，到不同的國家駕車時，換邊行駛有其迫切性，因為這與生命攸關。相對地，其他的法則較不具迫切性，因此較難更改。許多略為違反規範的行為，遭致的懲罰不會太嚴重。所以許多人基於下列後設法則，拒絕改變自己既有的原則：

**我必須全盤改變或毫不改變。**

如果不瞭解法則背後的原因，基於上述後設法則，改變生存法則顯得相當冒險。法則背後的原因可能已灰飛於歲月，但當時卻是生存所必須。我們並不清楚下列陳述的邏輯：「如果我不幫媽媽收拾玩具，她將不愛我，然後我將餓死。」孩童時代形成的法則，其背後的原因已煙滅於時光，取而代之的是，我們對這些法則所賦予的深厚感情。譬如，如果我們不幫助別人，就會害怕遭致可怕的後果。

所以，你不必花七年時間研究心理分析，以找出自己既有法則背後的原因。你只須對自己說：「這項法則曾經助我存活下來，對我而言相當有價值，因而我根本沒想過丟棄它的可能性。我會將它留在身邊，等到有朝一日遭逢適當的情境，我可以拿出來運用。我可能會增添數個新法則，但如果我需要，舊法則仍將在原地供我取用。」

讓這個想法成為你潛意識的一部分，與你長相左右。就好比你開車時一面說話或思考，由潛意識幫你駕駛。你必然曾經歷過，開車到達目的地時才猛然覺醒自己已到了，至於怎麼開過來的卻不太知道。這情形說明了，你的潛意識能聽見並接受意識的指示，雖然這不符合行車安全。

改變心中既有法則的過程中，每一個步驟都必須注意安全，否則你的潛意識將為了保護你而抗拒改變。循序轉變的過程中，你的潛意識固然不會明確與你對話，但你的身體將隨潛意識的感覺做出反應，告知你能否進行下一個步驟。

## 步驟3：給自己選擇的機會

一旦你的潛意識認為，固守舊法則是最安全的道路。這時候，你可以建立一個觀念：舊法則是一個選項，是否拿出來運用完全由你決定。這個觀念的意思是，將舊法則由強迫性法則轉變為選擇性原則。譬如，你原有的法則：

**我必須幫助每一個人。**

這法則表示自己無所不能，亦代表該法則事實上都會為人所遵守。對某些人而言，這項法則隱含：「因為我必須幫助每一個人。如果我不幫助他人，後果將不堪設想。」

步驟3即是將強迫性法則轉變為下述選擇性原則：

**我可以幫助每一個人（如果我選擇這樣做）。**

## 步驟4：由確定轉變為可能

進行這項轉變步驟時，你常遭遇既有法則隱含的其他法則。沒有一個人是全知全能者，人也不應當期望自己全知全能，但有些人心中存有下述法則：

**我必須十全十美。**

如果你具有「完美主義」法則，即無法完成這個轉變步驟。這時候，你必須先轉變「完美主義」法則，或其他阻礙你完成這個步驟的法則。

一旦你將「完美主義」法則轉變成功，即可進行目前這個轉變程序。即是將選擇性原則：

**我可以幫助每一個人（如果我選擇這樣做）。**

轉變為：

**我有時候可以幫助每一個人（如果我選擇這樣做）。**

上述新轉變成的法則，將再遭逢完美主義的問題，於是進入下一個步驟。

## 步驟5：由整體轉變為非整體

沒有人永遠完美，因此你必須去除普遍性，將上述法則轉變為：

**我有時候可以幫助某些人（如果我選擇這樣做）。**

完成這道程序之後，你幫助人之前必須先選擇時機，選擇對象。

## 步驟6：由普遍轉變為特定

轉變進行至此一步驟，你已明白你可以選擇時機和對象來幫助他人。這時候，必須注意你心中是否有一項法則，即是創新的第三項障礙：「通往羅馬的道路只有一條。」為了避免新

法則過於僵硬，你的新法則至少須具備三項以上的條件，譬如：

> 我可以幫助某些人，如果：
>
> 他明白地要求我幫助
>
> 我具有幫助他的技巧
>
> 我有幫助他的資源
>
> 我適合幫助他
>
> 我選擇他為幫助對象
>
> 如果我的幫助失敗，我可以忍受。

家庭治療師薩提爾（Virginia Satir）教我這個轉變程序，我依此轉變自己既有的法則，並成功幫助數十位技術領導者轉變法則。轉變的結果使這些技術領導者較少干擾屬下，並較能授權屬下做事。我也運用這個程序幫助許多領導者轉變其他的生存法則，使他們更容易與同事和屬下互動。這個轉變程序固然強而有力，助益許多人，但仍不免有瑕疵。原因是每個人都有健忘的本事，因此我們必須把整個過程白紙黑字記錄下來。

我發現這個程序很有助益，一旦完成法則轉變，我就把各個步驟詳細記錄在記事本裡。日後我有機會運用轉變後的新原則時，即檢視記事本，看自己做得如何。這也是履行我先前對自己潛意識所做的承諾，並提醒自己並非十全十美。在檢視的過程中，我或許會修改某項條件，或進一步釐清某項條件。

譬如，運用新法則數次後，我可能將下述條件：

> 我適合幫助他。

改變成：

**我和幫助對象能達臻公開、明確、有限的幫助協定，而且我滿意這項協定。**

## 眞誠地關心他人

卡內基的另一項法則相當簡單：

**真誠地關心他人。**

任何不具真誠的行為，譬如微笑，或記住別人的名字，或使他人覺得重要，都只是偽君子的手段。現在我終於瞭解，十歲的時候我已形成一套生存法則，使我不能真誠地關心他人。當時我讀到卡內基提醒我們「微笑」，我毫不重視。因為當時我已能分辨什麼是假微笑，而我不想虛偽地對他人微笑。年輕時我也不喜歡記住我沒興趣的人名，不喜歡聽他們說自己的事，也不喜歡說他們感興趣的事。

最糟糕的是，我不喜歡讓他人覺得重要，因為在我內心深處，我不覺得自己重要。卡內基非常重視他人，但薩提爾說：「自尊是個人存在的核心。」卡內基或許忽略了這點，因為他似乎對自己的自尊擁有根深柢固、不容質疑的強烈觀點。此外，卡內基談到那隻沒有隱藏動機的狗，似乎顯示他具有一項關於「自私」的生存法則。我知道我的狗「甜心」很愛我，但我不知道他的親密動作是不是希望我給它一根肉骨頭。

許多人心中都具有下述後設法則：

**不可自私。**

因為這項後設法則，當我們為了追求自我發展，而花時間於閱讀雜誌、運動健身、改變生存法則，或思考某項對話內容時，即會產生一絲罪惡感。但是，想成為一位問題解決型的領導者——也就是賦予他人力量的領導者——我們必須在這些方面自私些。心理分析學家布蘭登（Nathaniel Branden）認為：

回顧人類歷史，從洞穴時代至現代文明的每一個進化階段，都是由天才、冒險、勇敢、創新這些特質所造就——那些將生命完全奉獻給探索，並圓滿自己「宿命」的傑出人物，使我們受惠良多——這些人即是藝術家、科學家、哲學家、發明家以及企業家。他們的生命顯然是一個自我實踐（自我發展、自我實現）的歷程。

## 閱讀卡內基的時機與原因

如果你擁有強烈的自尊，閱讀《卡內基溝通與人際關係》，將學到許多激勵他人的方法。你也可以運用卡內基的書，以評估自己的自尊。如果你像我十歲時一樣，對他的書相當反感，表示在你內心深處有一項生存法則：

**我毫不重要。**

如果你心中存有這種感覺，將顯示於你的言行。就像一隻被狠狠鞭打過的狗，對陌生人畏懼不前。

被痛打過的狗不會對陌生人搖尾巴。牠不愛自己，也沒有理由去愛人類。即便牠稍微故作可愛吸引你，你也不會給牠肉骨頭。有些人出於憐憫，給鞭痕累累的狗肉骨頭，但你希望用憐憫影響他人嗎？

如果你希望影響他人，最好的方法即是，轉變使你覺得自己「毫無價值，毫無力量」的既有生存法則。你必須將既有的「我毫不重要」觀念，轉變成：

**我如同其他人一樣重要。**

這個方法的確很有效，而且無需運用其他特殊技巧。

自 我 檢 核 表

1. 在記事本寫下你心中諸項生存法則。挑出其中一條，將它轉換為做人處世的指導原則。
2. 進行上一題練習時，你是否遭遇後設法則？如果是的話，將它轉變為後設指導原則。
3. 閱讀卡內基的《卡內基溝通與人際關係》，哪一項法則令你印象深刻？將這項法則轉換為做人處世的指導原則。
4. 做為一位領導者，或許你希望幫助他人轉換生存法則，成為做人處世的指導原則。為了避免你過度介入這項協助，你應該先找一位朋友，互相條列各自的生存法則，然後互相幫助轉換成待人處世的指導原則。

# 14 力量從何而來
## Where Power Comes From

在戰場上，精神力量佔四分之三，物質力量只佔四分之
一。

——拿破崙（Napoleon）

許多人都不相信：只要建立起自尊，影響他人並不困難。缺乏力量的人認為，只需某人給他們一把神祕鑰匙，他們即能瞬時擁有巨大力量。這種想法非常危險，因為它妨礙我們增加影響力。這種想法更使他們在獲得升遷時，喪失新職位原有的一點點小權能。

問題解決型領導者必須瞭解力量的特性，尤其是它從何處來，往何處去。我們將在本章中，探討這些內容。

## 力量是一種關係

關於力量的起源，眾說紛紜，莫衷一是。毛澤東說：「槍桿子裡出政權。」拿破崙卻認為，槍桿子只佔權力的四分之一。除了槍砲之外，每個人對權力從何而來都有不同的看法。

記得有一次，我在一項枯燥的企劃會議中途離場，因為我覺得自己完全使不上力。會議結束後，主席來到我辦公室，指責我濫用權力。他說，他參加這麼多場會議，不曾有過中途離場的念頭。對他而言，我中途離場表示我擁有無上權力；但我認為，我離場是因為我覺得無能為力。對於我而言，他擔任會議主席，表示他擁有一切權力。

我們兩個人都錯了，因為我們認為權力是可以「擁有」的。權力沒有所有權的問題，它只是一種關係。我認為會議主席擁有強大權力，因為主席職務是公司指派的，而我又深切依賴公司。公司是我的衣食父母，因此它擁有強大權力。如果我對公司的倚賴愈少，公司的權力將愈小。當我還不會溜冰的時候，不覺得全國溜冰協會是個具有權力的組織。

會議主席覺得我擁有無上權力，是因為他把我當成電影螢幕，將他自己投射於我身上。我離席的行為，應該先獲得他的允許，也就是說，自他取得離席的權力。但我沒有經過主席允許即離席，因此他認為我具有極大權力。如果一位女性基於同樣的原因中途離席，他將認為這個舉動是「示弱」。他不會以女性做為自我投射的對象，而是將自己熟知的女性投射在離席女員工的身上。

## 力量來自技術

技術領導者對於權力各有獨特見解。我記得有一次看電影前共進晚餐，我們幾個人討論這個問題。「權力來自職位。」奧斯丁第十次強調：「我獲得擢昇之前，不曾在公司裡實現任何一項我的想法。」

「不見得，」凱文說：「我獲得擢昇之前，能運用技術做成一些事。現在卻無法這樣做。」

「我不同意你們兩個人的看法，」英娜貝拉說：「當你還是顆小螺絲釘的時候，技術能力非常重要。但晉升主管後，除非你具有個人力量，否則也沒有什麼用。」

「聽著，」我打斷他們：「我要運用我的個人力量爭取時間。如果我們不快一點，就趕不及看電影了。」

這部電影是《E.T.》，虛擬一個外星生物和人類之間的故事。電影開始放映，我還在思索權力的問題，因此影響我對於E.T.身陷困境的看法。E.T.的太空船匆忙離開地球，它意外地被留下，充分表徵它的無力。

E.T.赤身裸體，也沒有任何工具，流落在距家鄉若干光年的陌生地。它的情況夠糟了，而且人類不放過它。整個美國政府動員起來，企圖抓住它，放在實驗台上當成青蛙解剖。整個電影的情節為：地球上最強大的國家，與一個迷失、赤裸、長相怪異的小生物，進行角力對抗。

對於我而言，這部電影並沒有懸疑情節。打從電影一開始放映，我即運用我的宇宙觀點，打賭美國政府無法得手。我相當肯定這點，電影院裡的孩子們也同樣肯定。但政府官員不知道自己毫無勝算，遂使得這部電影充滿趣味性。

散場出來，我們討論電影裡的懸疑情節。奧斯丁說：「你怎麼知道E.T.會贏？我以為政府擁有極大權力。」

「但政府的權力之中，不包含對抗E.T.的個人力量。」英娜貝拉說。

「不是個人力量，」凱文說：「E.T.具有更強大的技術能力。」

「個人力量？技術？我寧願說那是魔術！一點也不真實。」

「不是不真實，」我說：「而是無法理解。」

「你的意思是？」

「這就是克拉克第三法則（Clark's Third Law）：最尖端的技術就和魔術一樣。」

凱文打斷我的話：「就像經理和程式設計師。對我的經理而言，我的技術像變魔術。」

「不過，可以用另一個角度來解讀。」奧斯丁駁斥：「我們擔任經理的人擁有許多行政權力，你們這些程式設計師不明

白這點。我們可以動用資源完成工作，你可別低估了它的力量。」

「噢，你的口氣很像電影裡那些官僚。」

「不可以進行人身攻擊。」我出面仲裁：「奧斯丁和若干主管，因為程式設計師在經理人的權力遊戲中不遵守遊戲規則，所以感到相當沮喪。程式設計師不會身陷權力角力，他們只喜歡寫程式。E.T.也不會陷入權力角力，它只想回家。一旦E.T.決定回家，政府即毫無力量。」

「但程式設計師的權力從何而來？」奧斯丁希望知道。

我解釋道，維多·雨果（Victor Hugo）曾說過：「一個符合時代的概念，具有世界上最大的力量。」在我們的時代，這個概念即是科技，尤其是資訊科技。程式設計師汲取科技力量，如同E.T.汲取某種神祕生命力量。兩者的差別為，E.T.知道自己在做什麼，程式設計師則不自覺。程式設計師認為，科技具有力量是理所當然的事——直到這份力量消失為止。

「譬如，他們晉升為經理人。」凱文說：「於是頭腦就僵硬了。」

「凱文，我認為你對力量的觀念過於簡單，以致你無法瞭解，為什麼程式設計師晉升為主管後，經常失去權力——職位權力。」於是我繼續解釋，權力為什麼是一種關係。

## 專業即是力量

凱文顯得不太高興：「你這些話太抽象了。你們這些傢伙只是不願意承認，像我這樣的程式設計師，擁有某些你們沒有

的東西。」

「你擁有的是專業，不是力量。你的專業是否具有力量，完全視對方而定。如果你是登山隊領隊，你的電腦專業對於你的隊員並不是力量。」

「但我不是登山隊領隊，我是程式設計主管，因此我的專業就是力量。」

「或許吧，但只是對你的團隊而言，對其他團隊不見得是。力量建基於團隊領導者與團隊成員的關係。」

「請舉出實例。」

「我來試試看。」奧斯丁說：「如果你的團隊成員都是新手，你的專業具有相當大力量；如果團隊成員都是程式高手，你的專業技術就相對不重要。後一種情形，團隊成員較重視你的行政能力，譬如多爭取一台終端機，延長案子的完成時限，或是為團隊爭取較重要的案子。」

「我應該向你說聲對不起，奧斯丁。我開始覺得我們兩個人說的都對，但我還有些困惑。」

「力量這概念往往使人困惑。」我說：「因為我們通常不以相互關係來考量它。」

「是不是像從團隊成員晉升為團隊領導者時那樣？當時我覺得頓失力量，這就是為什麼我剛才極力反對奧斯丁的說法。」

「沒錯，你並沒有失去專業，但它已相對不重要，因為他人對你的期許改變了。」

凱文笑了：「你知道嗎，我曾經努力向團隊成員證明，我並沒有失去技術能力，卻使他們更認為我是一個弱勢領導

者。」

「當然，」英娜貝拉說：「如果你真有力量，無需向他人證明。這就是個人力量的特質。」

「那麼，」奧斯丁說：「如果我們試圖獲取權力時，應該怎麼做？」

「聽著，」凱文說：「我不在乎獲取權力與否，我只希望不要失去既有的力量。我只關心如何能在不失去力量的狀況下，負責任地把事情做好？」

## 保有力量

「英娜貝拉的想法相當正確。」我說：「保有力量的第一步，即是不要勉強保有它。」

「你很喜歡運用矛盾句。」

「這不是矛盾句，而是『力量是一種關係』衍生的概念。對於力量的想望不是對實質物質的想望，而是對於某種關係的想望。」

「而且，你不能用保有或建立實質物質方法，來保有或建立關係。」英娜貝拉說。

「完全正確。就如同你想望某事物，卻又不知道那事物是什麼。於是你覺得無法滿足，因為你沒有獲得那事物的力量。但問題的癥結在於，你無法將你想像的事物具體化。」

「無法具體辨識的事物，一旦狀況發生變化，即有失去力量的危險。」

「如果你不知道自己想要什麼，力量毫無用處。就像法拉

力跑車對於盲人一點用也沒有。或許盲人能一時順利開在車道上，終究會在某處撞車。」

「所以，如果我專注於自己想望的事物，力量自然會來？」

「不一定，我的眼睛很好，但我也可能駕駛法拉力撞上電線桿。看清楚是必要的，但即便你看得很清楚，或許也無法避免力量流失。」

「那該怎麼辦？」

「如果你繼續問這樣的問題，即使告訴你答案，你也無法瞭解。如果你期望經由職位晉升獲得力量，最好打消這個念頭！你最好遠離權力的誘惑，多瞭解自己。」

「這就是我說的個人力量。」英娜貝拉說。

「現在我聽得進這句話。」凱文說：「我決定接受主管職務時，根本不知道自己為什麼答應升官。現在回想，確實是受到權力的誘惑。」

「所以，你見到一個獲得權力的機會時，先問自己要用這權力做什麼。如果你不知道，顯然你只是被權力誘惑，而你的新力量還沒滋長時，舊力量已開始搖動不穩。」

英娜貝拉微笑著說：「這使我想起E.T.，它不企求力量，而且知道自己想要什麼。它在權力遊戲中打敗了有權勢者。」

「這部電影我看不懂，」奧斯丁抱怨：「所以我一無所獲。」

「好吧，」我試著再幫他一次：「E.T.想回家，你想要什麼？」

自 我 檢 核 表

1. 玩遊戲的時候,你對得分較有興趣,還是對遊戲本身較有興趣?玩團隊遊戲的時候,你對團隊的得分較在意?還是對自己的得分較在意?這兩種心態,如何影響你貢獻力量於團隊,對於團隊成績有何影響?如果是團隊工作呢?

2. 你工作的時候,最重要的力量來源為何?這個力量建基於何種關係?

3. 目前你試圖保有哪種力量?如果失去這個力量,將發生什麼最糟糕的事?將導致什麼最好的事?

4. 如果你中了1,500萬元樂透,你要拿這些錢做什麼?為什麼沒有錢就不能做那些事?

5. 最近一次你失去的力量是什麼?結果如何?

6. 最近一次,你有能力去做某事,但你沒有做,是什麼時候的事?結果如何?

# 15 表裡一致
Power, Imperfection, and Congruence

成熟的人必能贏得眾多人心。他能根據對於自己的精確感受，對於他人的精確感受，對於發現自我的精確感受，做出選擇和決定；他明確表示這是他的選擇和決定，並為其結果負責。

——維琴尼亞・薩提爾（Virginia Satir）
《新家庭塑造人》（*The New Peoplemaking*）

我認為個人力量建基於一項基本假設，即**每個人都想做一個有用的人，都想做出一些貢獻**，而這假設理所當然源自於種子模型。但我們也知道，許多人並沒有這個想法，因為他們的行為顯得漠不關心、不合作、甚至搞破壞。如果每個人都殷切想做好事，為什麼有這麼多人幹盡壞事？

更糟的是，即便我想做得好，為什麼時常搞得一團糟？為什麼我說錯話，過了兩小時才發現自己錯了？為什麼我說了對的話，卻選在最不恰當的時刻？當我覺得自己笨拙可笑時，我的個人力量在哪裡？

## 機械式問題

我們都知道，這些問題發生的原因大都是自我評價太低。但自我評價低與發生問題之間的關聯，卻不容易察覺。許多問題是機械式的問題，與自我評價低並沒有關聯。我所謂的機械式問題是指，看來似乎複雜且深植內心的問題，卻可透過高明矯飾的行為來解決，而且內心的情緒起伏並不大。

解決機械式問題，似乎應該物質重於精神。每個人都喜歡用自己認為最好的方式解決問題，所以技術領導者傾向於重視問題的機械面。譬如程式設計師遭遇問題時，即寫一個程式來解決問題。我舉個例子來說明。

我撰寫的《程式設計的心理學（25週年紀念版）》（*The Psychology of Computer Programming*）這本書，曾提到一位年輕程式設計師因為身體氣味難聞，同事都不願意與他一起工作。這麼多年來，我收到的讀者來信，以討論這個故事的最

多。典型的來信內容為：「你知道嗎？我也有同樣的問題。我的屬下雷夫身體氣味難聞。每一個同事都要求我想辦法解決這個問題，否則將辭職。我該怎麼辦？」

表面上，這是一個簡單的機械式問題，只需運用機械式的解決方法，譬如肥皂和水。程式設計師面對這個問題，卻完全依循不同的方向解決：設計一套軟體，使雷夫的程式甚少與其他人的程式相連結。如此，雷夫將甚少與其他人接觸——一個既簡單又機械式的解決方法。

不幸地，程式邏輯不允許這麼乾淨的解決方法，所以其他的程式設計師只得轉向經理抱怨。但是經理也能運用機械式的解決方法：肥皂和水。他只需向雷夫說：「幾個同事告訴我，他們靠近你的時候覺得噁心，因為你身體發出臭味。我們喜歡你的工作表現，但如果同事無法和你一起共事，團隊績效顯然不會好。我們應該如何解決這個問題？」如果這是一個機械式問題，為什麼經理不這麼做呢？事實上，我也不明白為什麼是經理寫信給我，而不是那些抱怨的同事呢？

為什麼其他同事無法逕行處理？首先，他們設身處地為雷夫著想，覺得這樣做對雷夫很不好意思。如果換成是我氣味難聞，該怎麼辦？如果你身體的氣味無法吸引人，你的自我評價會較低嗎？只有自我評價低的人才會這樣認為。自我評價高的人，則會感激告訴他實情的人，並為自己沒有即時察覺深感抱歉，而後動手解決這個問題。

在這個例子裡，來信的經理採納我的建議，直接對雷夫說明，而且雷夫的反應如我預期。事實的真相為，雷夫的興趣是鞣皮革，而他所使用的化學用劑令他的雙手氣味難聞（對他人

而言），但他自己因為長時間在此氣味下工作，因而對此狀況毫不知情。雷夫感謝經理告訴他實情，並去看醫生，服用藥物後狀況獲得改善——這是一個相當機械式的解決方法。

其他同事無法逕行處理這個問題的另一個原因為，如果雷夫被告知氣味難聞後反應不佳，他們不知道如何處理尷尬場面。他們知道，許多人被告知自己的缺點，反應都相當不好。但他們不知道，只有自我評價低的人才會反應不佳。如果他們出於關心雷夫而告知實情，雷夫卻勃然大怒，責任不在於他們。即便雷夫大發雷霆，狀況會比現在糟嗎？他們寧願為了保護自己一點點自尊，任憑雷夫在不知情的狀況下被迫離職嗎？

## 成熟的行為模式

為什麼雷夫的機械式問題如此難以處理？我們再次強調，這個實例的問題癥結不在於事件本身——機械式部分——而在於對事件的反應。運用某種行為模式進行反應，能使事件變成問題。運用其他行為模式，則事件能化解，問題自然消失。因此你可以有選擇，讓事件變成問題，或直接化解事件。

造成問題的行為模式稱為「負功能行為模式」，也是不成熟和個人力量低微的表徵。化解事件的行為模式稱為「正功能行為模式」，也是成熟和個人力量堅強的表徵。當然，這種二分法過於簡單，因為一個人面對不同的狀況，會表現不同的行為模式。處理氣味難聞的程式設計師事件，我表現良好；但是一隻蜘蛛爬上我的褲管，我的表現相當不成熟。成熟是各項行為的累加分數，而我們可以逐次為我們的行為提升一點分數。

　　薩提爾製作一張表,用以幫助我們「以更有能力和更精確的方式,和外界打交道」。她認為,這種人應該:

a. 與別人打交道時,應該條理分明。

b. 注意自己的想法和感覺。

c. 能看見並聽見外界事物。

d. 對待他人要將對方視為唯一的,且與自己不同的個體。

e. 遭逢不同的情境,應該認為是學習與探索的機會,而不是威脅或衝突。

f. 對待他人與處理事物應該重視其脈絡,以「何以致之」的方向進行思考,而不是一廂情願期望他人應該如何回應,或事情應該如何發展。

g. 對於自己的感覺、想法、所聽見和看見的,負起責任;不可否認事實或諉過他人。

h. 運用開放技巧付出、接受,並與他人討論其中的意義。

　　上述著墨於成熟度的描述強調社交和溝通技能,並且認為巧計巧思並不重要。如果你具有上述社交和溝通技能,自然能發明或模仿待人接物所需的技巧。讓我們來運用這些原則,處理氣味難聞的程式設計師事件。


## 處理自己的機械式問題

　　首先,假設你就是雷夫。你具有上述的社交和溝通技能,而且你渾然不知自己雙手散發揉皮的臭味。你將發現他人對你的態度相當奇怪(c),於是你向他人討教(h)。因為你直接而

且表意清楚（a），不責怪他們對你的怪異態度（f），因此他們不怕告訴你實情。瞭解實情之後，你負責地面對問題，而不是抱怨他們愛心不夠，不能容忍你的怪味（g）。

其次，如果你是雷夫身體異味的受害者。你很清楚雷夫和你是不同的兩個人（d），而且他不是在威脅你（e）。你應該用他可以接受的方法告知他實情（h），讓他覺得你不是在抱怨（f），因此雷夫將有正面回應。

顯然地，個性較成熟的人，可以運用乾淨俐落而且人道的方法，處理這個問題，而且其他人也喜歡這種處理方式。換句話說，創造解決問題氛圍的先決條件，即是讓自己的個性更成熟，但無法運用巧計達臻這個目的。讓自己的氣味好聞，就某種意義而言，是一種溝通能力上的巧計。許多討論個人力量和影響力的書籍，都提到身體氣味的重要性。這些書本說得對極了，但這項建議對於準領導者又有何用？如果你的自我評價不高，又缺乏社交與溝通技能，即便用盡梅西百貨（Macy's）的全部香水，也不能掩蓋你的無能。如果你的自我評價高，且深諳社交與溝通技能，你很快就能知道關於身體氣味的各種知識。

譬如，數年前一個客戶告訴我，雖然我心裡愉快，但不表露於外，因此別人常誤以為我在生氣。我立即明白，我的撲克表情是一種習慣，也是我既不喜歡自己也不喜歡他人那段日子所留下的烙印。現在我已改變我的心態，但卻沒有通知我的表情。於是我著手處理這個問題，現在我的表情已較能與我的心情一致。也就是說，我和他人打交道時已能更清晰地表意。這個客戶的成熟度，使她能清楚且毫不害怕地告訴我，她知道我

心情愉快，只是基於某種原因沒有表現出來罷了。如此，我得以增加我的成熟度──這即是她個人力量的顯現。

心情愉快時記得把微笑掛在臉上，這是一個機械式問題，就像處理身體的異味。當時我運用機械方式，幫助我記得該如何表情達意，就像雷夫記得吃消除怪味的藥。譬如，我在拇指上綁一塊紗布，每當我看到它時，心裡就高興，而且提醒自己露出笑容，因為我的拇指根本沒受傷。沒多久，我看見任何人纏紗布就提醒自己露出微笑；又沒多久，我看見男人臉上或女人腿上的剃刀傷痕，就露出微笑。再過一小段時間，我微笑和愁眉苦臉的時間比例為三比一，於是我不必再運用巧思提醒自己微笑。


## 我必須永遠真實自然

當我逐漸記得露出微笑時，我感覺有一個陰影阻擾我。為了探究這陰影，我將它寫成下列法則：

**與他人交往，我必須永遠真實自然。**

每當我試圖改變與他人的互動方式時，這項法則變成極端的後設法則。當我運用某項巧計改進我的互動行為時，我覺得自己不真誠，做不對的事，是個壞骨頭。這項法則如此強而有力，使我與別人進行互動時，禁止我思考我在做什麼。

我認為這項法則具有生存法則的價值，於是開始轉換它：

**與他人交往，我可以永遠真實自然。**

但我試著進一步改變成：

**與他人交往，我可以有時候真實自然，如果我選擇這樣做的話。**

我覺得這層轉變不太對勁。我知道自己可以永遠真實自然（或許別的事你辦不到，但每個人都可以真實自然）。但我卻將它列為選項，所以我很納悶。

我的妻子蘇珊是學校老師，常和小朋友在一起，於是我和她討論這個問題。我告訴她，練習露出微笑的時候，我覺得自己不誠實。她笑著說：「你心裡快樂的時候卻愁眉苦臉，難道就自然嗎？」

「當然自然，」我回答：「因為我自然而然露出苦著臉的表情。」

「你也能自然而然口出英語，但你經過學習才會說英語。我想你也學過苦著臉。你混淆了『自然而然』與『在嬰幼懵懂時期學會了，卻不自知』這兩個概念。事實上，學習是不自然的，因為自然事物必定表裡合一。」

蘇珊的見解使我的轉換工程回歸正軌。我沒有把轉變法則的第一個步驟做好，也就是說，我沒有清楚說明法則。於是我從頭開始。

**與他人交往，我必須永遠真實自然。**

終於我將這項法則轉變為生活指導原則：

**與他人交往，我希望儘可能表裡一致。我可以改變舊原**

則，也可以改變多年的習慣，使我運用的法則與行為習慣，與現在的我表裡一致，與未來的我表裡一致。

這項轉變相當令我震撼。

## 我做事必須永遠零缺點

當我知道我希望表裡一致，而不是真實自然之後，我學習微笑進步神速，直到我抵達瓶頸——心裡愉快與面露笑容的一致比為百分之七十五。我知道應該可以做得更好，但我無法做到，因為我心中有一個舊法則：

**我做事必須永遠零缺點。**

每次我忘了將心裡的愉快表徵於外時，我覺得自己非常非常不好受。

透過幾個朋友幫忙，我將這項法則套入威脅利誘模型。威脅利誘模型認為，任何一項交易，我只有兩種結局，贏家或輸家。如果我不能表現零缺點，顯然我不是贏家，必然是輸家。因此我覺得自己是輸家。

種子模型是一個選項模型。運用這個模型，我可以選擇認為自己是贏家，或選擇認為自己是輸家。但我還有第三選項：認為自己是個**學習者**。即便我認為自己是個輸家，也能同時認為我是學習者。

互動雙方對於問題有不同定義時，則不可能進行學習。我知道達臻清楚曉暢的定義只有一個方法，即是努力控制溝通品質。通常我自己是提升品質的槓桿，但品質是互生的。如果我

的溝通是高品質，我也將獲得高品質的回應溝通——而且我能從對方學到更高品質的溝通。

如果我能表裡一致，即便溝通的內容相當混亂，我也能從中獲得若干訊息供我學習，使我下次做得更好。譬如我和羅德進行一次不良互動。我大聲咆哮：「如果你不裝病逃避責任，我們不會趕不上期限。為什麼你不積極一點？」如果羅德也吼回來，或默不吭聲，我即無法知道他的反應，是對我傳達訊息的方式不滿，還是對我傳達的訊息內容不滿。這個互動的結果顯然不好，但我不知道錯在我還是他。

如果同一事件，我採取不同的互動方式，對他說：「我們不能在時限之前完成工作，我很生氣，而且我不知道原因是什麼。我試圖找出原因，發現你這個月有六天沒上班。你認為工作不能在時限內完成，和你出勤率低，有沒有關連？或是另有其他原因？」

於是羅德有一個明確的事實陳述可以回應。或許他回答：「哦，我不知道這工作沒有如期完成，我以為最後時限是下星期五。」於是，我們有許多釐清事實的機會。

如果羅德吼回來，或默不吭聲，我也較能清楚知道問題是出在他身上，而不是我，也不是因為雙方互動不良。或許我仍有錯——因為我不夠表裡一致——但至少我已開始更表裡一致。

## 表裡一致的報償

就像任何溝通技巧一樣，你無法做到百分之百表裡一致。

但你無需表現完美,因為表裡一致的報償非常大。在一個互動的過程中,即使只有一個人表裡一致,其他人則否,互動的結果仍勝過一千次完全沒有表裡一致的互動。

多年前,我任教於紐約的國際商業機器公司系統研究學院（IBM Systems Research Institute）。數位同事抱怨某學員「企圖逃避某事」。這位學員是來自堪薩斯州（Kansas）的史帝夫（Steve）,連續數星期沒有交作業。憤怒的教師們要求開除他。史帝夫不在我授課的班上,所以我對這事件的情緒較中立。當我向其他教師說,或許我們不瞭解問題癥結時,有人強烈地提醒我,進入系統研究學院的學員經過精挑細選,每一個都是IBM菁英中的菁英。如果給予適當激勵,史帝夫必然能交出作業。

即便如此。我仍向這些教師爭論道,如果我們開除史帝夫,可能會毀了他的職場生涯,因此我們務必要瞭解實際狀況。教師們極不情願地同意我和史帝夫談談看,但也說明這是他最後一次機會。我和史帝夫在辦公室裡談了一個小時,毫無所獲。我以言行一致的態度問史帝夫:「到底發生了什麼事?你能不能解釋為什麼不做作業?」但史帝夫否認有任何問題。

我認為史帝夫一定有困難。他的坐姿僵硬,而且一直逃避我的目光。我覺得他隱瞞某事,而且是不光榮的事。我真想罵他不誠實,但我明白,這樣做只是徒然干擾他內心的想法,而不是表達我心中想傳達的內容。

於是我試著以更言行一致的方式再次溝通。「史帝夫,」我說:「我坐在這裡愈來愈生氣,因為我想幫助你,你卻不肯告訴我到底發生了什麼事。你告訴我沒有任何問題,但在我看

來，這就是問題。其他教師想要開除你，而且你會失去你的工作。我認為這是一個很嚴重的問題，你卻說沒有問題。我想幫助你，但我是否遺漏了什麼？」

就在這時候，史帝夫的表情由僵硬逃避轉為暴戾憤怒。他直視我的眼睛大聲吼：「你這自以為是的傢伙，你能幫我什麼？你認為自己有權有勢，但是我認為你一文不值！一文不值！」然後他站起來想要離開。

我的第一個「自然反應」是對著他吼回去，但我有點知道他正處於極大的痛苦中。雖然我不知道痛苦的原因為何，於是我克服我的「自然反應」，什麼也沒說，走過去輕握著他的手臂。

突然他開始發抖，啜泣，說一些模糊不清的字。我們重新坐下，我握著他的手，等他情緒恢復可以說話。於是他告訴我原因。

史帝夫來系統研究學院一週前，他的妻子被診斷出罹患末期癌症，只剩下六個月生命。史帝夫決定不來學院受訓，但他的妻子堅持他必須前來，以免影響未來在公司的前途。她說，她死後三個孩子全仰賴他，他應該把工作顧好。

我認為史帝夫前來受訓是錯誤的決定，但他拗不過病妻的堅持，獨自前來紐約。由於過度傷心，他無法做作業，下了課就躲在旅館房間裡偷哭。他不敢告訴任何人實情，因此教師們錯怪了他。

先前史帝夫對於我試圖幫助他的行為，所做的憤怒反應並沒有錯。世界上沒有任何人可以幫助他治癒妻子的癌症，而且妻子的病比學校課業重要多了。如果當時我沒有堅持我的「自

然直覺」，整件事情將演變成更大的悲劇。雖然我不能幫助他治癒妻子，卻能幫助他平撫妻子將不久於人世的哀痛。

真相大白之後，公司安排史帝夫返回堪薩斯州，讓他休長假，陪妻子度過有限的黃昏。一年後，史帝夫重返系統研究學院，重新學習。你也許必須百分之百成功，才能顯得完美；但你無需百分之百成功，才能獲得權力。

自 我 檢 核 表

1.你曾否有過下述狀況：知道該做某事卻忘了做？你當時遺漏了什麼，能讓你在當下想起該做的事？

2.你曾否有過不知道該做什麼事的時候？當時你怎麼辦？如果再有不知道該做什麼事的時候，你會怎麼辦？

3.回想一個因他人的機械式問題而導致的問題。為什麼你不能面對該問題？會發生什麼糟糕的後果嗎？面對它！

4.你是否曾在某團隊中毫無貢獻？當你察覺到這一點時，你的感受是什麼？

5.你做事失敗的時候，給自己什麼訊息？這訊息背後的法則是什麼？

6.回憶最近一次你進行力量交易遭逢失敗的事例。你從這次交易中學到什麼？你能否以現在的新觀點從那件事再學習？

7.哪些在你內心運作的事，沒有顯現於外？你能否改變這種狀況？你願意改變嗎？

8.哪些在你內心運作的事，你努力不顯現於外？你知道其中運作的情形嗎？如果你將這些精力用在別處，結果將如何？

## 第四篇 組織

　　組織是即將成為技術領導者在MOI模式中，必須純熟運用的最後一個部分。技術領導者本身即是創新者，且他們能以身作則激勵他人，因此，技術領導者通常認為組織是多餘的，或沒有必要的。他們不瞭解組織對於成功解決問題扮演重要角色，以致組織發生問題時，他們即束手無策。

　　下列諸章，我們將討論組織的力量何以重要，如何將既有力量轉化為組織力量，以及如何學習成為高效率的組織者。

# 16 擷取組織的力量
## Gaining Organizational Power

　　的確，如果各國學者的智力水準，似乎普遍低於文化水準較低的一般大眾，那是因為強權勢力都隱含一個潛在危機，即不受最高目標的規範和指引。

——居禮夫人（Marie Curie）<br>
Intellectual Cooperation

**幫**助他人的能力大都來自於個人的力量，但如果你認為不需要其他力量，那就太天真了。在大型組織裡，領導者擁有許多資源——訓練費用、人力、辦公空間、使工作更有效率的工具，以及獲得協助。這些資源並非平均分配。成為問題解決型領導者的條件之一，便是能獲得組織力量，以將這些資源分配給其他創新者。

多數創新者成為領導者之後，對於組織的力量一無所知。他們的競爭者或許技術能力較差，但懂得如何為自己的員工取得驚人的組織力量。因此，技術力量逐漸消失時，新領導者需要新的力量。由於技術力量並非瞬間消失，如果新領導者瞭解「力量轉換」的意義，仍然有充裕時間進行轉換。

## 力量轉換

我第一次聽到力量轉換這個詞彙，是在訪談零失誤電腦公司（Fautless Computers）首席女工程師愛翠之時。為了不受電話打擾，我們在餐廳角落進行訪談。但人事部門的愛特伍德獲知消息，主動跑來軋一腳。當愛特伍德去取咖啡時，愛翠安慰我：「換個角度想。你能夠用喝一杯咖啡的時間，獲知人事專家的專業看法，也是挺不錯的。你看著吧，愛特伍德很喜歡有人聽他說話。」

「但我不想浪費你太多時間。」我覺得有些不好意思。

「別擔心，我是為了從愛特伍德口中獲知一些關於公司政策的消息，才讓他加入我們。」

愛特伍德端著咖啡回來。我向他請教，零失誤電腦公司期

望領導者具備哪些特質。

「當然，」他回答：「許多領導者的特質難以具體形容。但我們根據他們的經歷，可以精準地挑出好主管。」

「真的？」我說：「你們要求領導者有哪方面經驗？」

「並不是特定的工作經驗，而是一般的經驗。譬如，如果一個男人已婚，而且當了爸爸，會是一個較佳的領導者人選。」

「噢，」愛翠說：「那麼，當了媽媽的女性應該更是個好的領導者，因為媽媽們幾乎所有的事都一手包辦。」

「但我們公司沒有幾個領導者身兼母親的角色。雖然我們不排斥像你這樣的未婚女性，但對於未婚媽媽我們敬而遠之。此外，我們公司也沒有聘僱太多已婚女性。」

愛翠有點冒火，但顯然不想表達憤怒，於是我說：「為什麼你認為做爸爸的人能當好的領導者？是不是因為爸爸指揮媽媽為孩子做所有的事？」

「我不是這樣認為的──噢，我明白了，你在開玩笑。事實上，我無法明確告訴你，做爸爸的為什麼能當好的領導者，因為我還單身。」

「你有小孩嗎？」

「嗯，事實上──你又開玩笑了。你真的是在開玩笑吧？」

愛特伍德和我顯然話不投機，愛翠甚至沒有加入對談。一陣漫長且沈重的靜默之後，愛特伍德藉口人事部門有事待辦，離開了。「終於剩下我們兩個了。」我說，自認愛翠應該很感激我開玩笑，但她卻看著空蕩的大門。

「愛翠，你在聽嗎？」

「對不起，我在想剛才愛特伍德說的話。」

「關於他說做爸爸的人是較好的領導者這件事嗎？別煩惱了，我相信他很後悔說了那樣的話。」

「不，或許他說得對。」

「這倒使我驚訝，居然從女權主義的擁護者口中聽到這句話。為什麼做爸爸能增加領導能力？」

「這很容易理解，因為力量轉換的關係。」

「力量轉換？」

「沒錯。就是將一種力量型態轉化為另一種更有價值的力量型態。就像將水從水蒸氣的力量轉換為電力，照亮你的家。」

「這和已婚男士能成為較佳的領導者有什麼關係？」

「在美國，已婚男士比未婚男子具有優勢。已婚男士比女人擁有更大的力量，而他們將此力量轉換為，使這女人為他做家務瑣事，好讓他有更多精力和時間用於工作。單身男子必須自己照顧自己，相對處於劣勢。」

「沒錯。但是已婚男士必須擔負妻子的生活費用，不是嗎？」

「這項負擔比男人從公開市場獲取相同家事服務的費用，顯然花費較低。已婚男人只須轉化一點點金錢力量，以及傳統上身為男性的主宰力量，便能換取時間及其他服務，以幫助拓展事業。」

「這就是你所謂的力量轉換：將你已擁有的某種形式力量轉化為另一種更可欲的力量。」

「沒錯。」

「多數男人卻有不同的看法。他們認為女人將性的力量轉化為取得男人金錢的力量——換得一張終生有效的飯票。」

「現在已不見得終生有效了，」愛翠說：「不過，有些女人確實對婚姻也有同樣看法。但這兩種觀點並不矛盾，丈夫和妻子各有力量，各將自己的力量轉換為另一種更可欲的力量。」

## 愛翠的力量轉換實例

我請教愛翠，是否可以她自己的實例，說明力量轉換。

「當然可以，而且有很多實例。從我一生下來，即將父母對我的愛，轉化成對於我的教導養育，使我成為一個工程師。」

「這沒什麼不對。」

「當然沒什麼不對。我從來沒說力量轉換是不對的，但有些力量轉換卻是不被認同的。」

「譬如女人把對於男人的力量，轉化為金錢？」

「確實，有些人不認同這種轉換方式。但最不能讓眾人接受的是，將性的力量轉化為職位升遷的力量。這就是謠傳女工程師陪老闆上床會如此具殺傷力的原因。一般社會大眾都不認同這種型態的力量轉換。」

「你也曾遭受這種傳言的困擾嗎？」

「據我所知，沒有。但其他人倒是有這樣的經歷。我的升遷過程相當穩定自然。」

「你很幸運。」

「但我不善於將若干我擁有的力量，轉化為更有用的力

量。我的意思是說，我有幸生下來就相當聰明，我將我的聰明轉化為獎學金──也就是金錢力量。最近，我進行逆向轉換──將金錢力量轉換為智識力量。」

愛翠進一步解釋，她參加我們的「問題解決型領導者研習營」時，主管拒絕支付訓練費用，也不准她假。於是她告訴主管，她將自己負擔費用，並且運用自己的應有休假日。愛翠的主管非常清楚，如果他的上司發現愛翠自己支付學費，將喚他進辦公室好好解釋一番，因為公司鼓勵員工參加類似訓練課程。於是，愛翠的主管答應支出訓練費用。愛翠運用公司組織結構的力量，成功逼迫她的主管支付訓練費用。

「做得好！」我說。

愛翠笑著說：「整件事情非常有趣。每一個聽我說這件事的人，都認為我巧妙運用力量轉換。但是，如果我告訴他們，我是因為和老闆上床，老闆才送我去參加訓練課程……。」

「我認為你非常瞭解公司文化，才能巧妙地玩這個遊戲。」

「風險倒也不是每次都這麼大，但你必須知道自己擁有哪些力量。現在我想參加訓練課程，自己就可以簽准費用單據。我可以將自己的職位權能，轉化成更多的技能，無需徵詢他人同意。公司許多同事雖然具有這些權能，卻不懂得運用。」

「或許他們認為，其他事務比加強自己的技能重要。」

「沒錯。許多同事將他們簽准費用的權力，用於參加聚餐派對。這類活動當然好玩，而且可以彰顯他們的重要性。但我個人認為，他們只是將自己的職位權能，轉化為沒有價值的東西。」

## 累積點數

「或許這是他們與高階主管『累積點數』的方法。」

「哈！別和我說點數。我進入這家公司之時，被當成公司錄用女性工程師的象徵。他們只給我一些男人不願意做的瑣碎工作。遇到重要的案子，主管推說我沒有處理大案子的經驗，不讓我參與。如果我提出抱怨，主管就說我應該多多累積點數。就這樣過了兩年，即使不算利息，我想我已經累積了數百萬點。」

「那麼，你將這些點數轉換成什麼？」

「什麼都沒有，因為點數不能轉換。至少我沒聽過點數轉換成任何有用事物的實例。點數只是權力擁有者哄騙屬下的幌子。但我浪費了兩年努力累積點數。」

「既然點數不能兌換，那麼除了這些瑣碎的工作之外，你還獲得什麼？」

「後來我明白點數不管用，於是我決定將我擁有的權力進行轉換。我知道如果我曾負責重要的任務，便能以辭職作威脅，讓他們承擔一切後果。當時我認為，唯一的出路便是辭職，在另一個公司東山再起。」

「但是你終究並沒有離職。原因是什麼？」

「正是愛特伍德給了我想法，就在這個餐廳裡。我偷偷問他，如果我辭職，未休完的年假應該如何處理。愛特伍德聽說我要辭職，相當驚訝擔心。顯然我辭職將造成他許多麻煩，詳情我也不甚瞭解。由於他的態度，使得我對於辭職一事再三考慮，最後我向主管表明，如果再不派給我重要工作，我就辭

職。」

「於是你獲得重要工作？」

「他告訴我，目前手邊沒有重要工作。如果我肯耐心等候，一、兩個月之內就會派給我。」

「於是你耐心等待？」

「開玩笑！一旦我知道自己擁有所有力量，我便堅持當天不能分配到重要工作，就立刻走人。於是，他突然「想起」——某熱門專案的設計工作還沒有人承擔。這次經驗是力量轉換的最佳典範。」

「但是代價呢？如果你搞砸了這項專案。」

「噢，如果我連這點事都辦不成，還有什麼資格在這家公司領薪水？或許他們把我擺在那裡，只是作為公司有女性工程師的象徵，但我不想扮演這種角色。我希望自己是一個勝任的工程師，而不是一個女性工程師。這次權力轉換能夠奏效，完全是因為他們在玩女性工程師的噱頭把戲。」

「那個主管就是不讓你去上訓練課程的主管？」

「沒錯。」

「我知道你不相信點數，但或許你這麼做為自己累積了負點數？」

「我的確相信負點數。」

「聽起來你似乎在你主管那裡累積了不少負點數。」

「這倒是真的。但我將我的權能全部轉換為技能，且接替主管的位子時，這些負點數全數被抵銷了。」

## 巧用力量

自從認識愛翠之後，我便學會運用力量轉換的觀念，協助各公司在技術人才之中挑選領導者。我先找出具有個人力量的人，個人擁有的自我力量幾乎可以轉換為任何事務。其次，我再找出具有力量轉換經驗的人，因為能為自己轉換力量的人，也能為他人轉換力量。轉換力量需要經過長時間學習，然而一旦被委任為領導者時，即須嫻熟運用這項技巧。這項技巧很難教導，許多公司裡的新興之星，並不懂得其中訣竅。

當然，領導者還必須具備其他特質，譬如沒有私心。愛翠的故事告訴我們，她能運用權力策略，使自己在職場上平步青雲。但並非每一個具有這種能力的人，都能進一步運用這項能力幫助他人。一旦愛翠成為團隊領導者，她確實運用個人力量和轉移力量的技巧，為團隊成員爭取資源。但並非每個新官上任的團隊領導者，都能成功地達成這種力量轉換。

有些新任團隊領導者僅僅只是運用力量轉換技巧，為自己取得資源，卻不懂得為團隊成員取得資源。這些主管有些因為愚蠢，有些因為自私，但大多數是因為不瞭解領導者的角色在於，為團隊裡的每一個成員營造一個充分授權的工作環境。唯有透過這樣的方式，領導者才能有紀律地、將他們的力量導引至更高的目標。

1. 在目前的工作環境裡，你擁有幾種不同的力量？你如何將
   這些力量轉換為更有效用的型態？

2. 你如何運用轉換得來的力量？

3. 你目前的環境有哪些有利條件，得以支持你達成想望的目
   標？你如何將現在的環境轉換成更有利的環境？

4. 因為年齡、身高、性別、膚色、語言、宗教、外貌、教育
   或個人習慣等因素，你失去多少力量？針對這種情況，你
   能做些什麼？

5. 你的主管對你累積了多少點數？你希望這些點數能轉換成
   什麼？你計劃什麼時候進行轉換？

# 17 「問題解決型團隊」的有效組織

Effective Organization of Problem-Solving Teams

　　當你希望組織一個團隊，以有效解決問題，其最佳組成方式為何？我暫不直接回答這個問題，而以一個模擬練習來探索這個問題的答案。下列這個模擬的決策題，可以運用於任何一個團隊面臨待解決的問題。繼續研讀之前，或許你願意先做完這項模擬測驗。

### 世界紀錄排名

　　下列十項是金氏世界紀錄一九八○年所列事物，請根據它們的實際數值，排序一至十的名次。排名第一的數值最小，排名第十的數值最大。

| 排名 | 事物 |
|------|------|
| _____ | 最高的樹 |
| _____ | 最長的香蕉船聖代 |
| _____ | 最高的煙囪 |
| _____ | 最長的水母 |
| _____ | 最高的噴泉 |
| _____ | 最大的摩天輪（直徑） |
| _____ | 最高的移動式起重機 |
| _____ | 最遠的飛盤拋擲距離 |
| _____ | 最高的水壩 |
| _____ | 最長的吧檯（銷售飲料用） |

我們在工作坊做這項模擬練習時，決定以數種不同的方式進行排序。如此，我們可以比較團隊用以解決問題的不同組織形式：個人自由判斷、投票表決、強勢領導人者，以及凝聚共識。

- **個人自由判斷：**首先，我們讓每一個團隊成員針對這十項事物，獨自進行排序。個人排序的結果可做為稍後比較不同團隊排名的基礎。
- **投票表決：**一旦團隊成員皆完成排序之後，不經討論，逕付表決，作為排序結果。未經討論的表決是形成團隊決策的最簡單方式。這個方法相當機械化，能排除個人的影響力和心理因素等等。

  票數統計完成後，每一團隊自行組成解決問題的團隊。我們分派給各個團隊不同的團隊組織模式。
- **強勢領導者：**指定一位團隊領導者聽取每一位成員的意見，個別私下進行，最後由領導者決定排序（我們稱這種方式為強勢領導者）。
- **凝聚共識：**即每一個團隊成員都同意團隊的共同決定。

## 組織形式光譜

我們在工作坊中也運用其他的組織方式，但這四種方式——個人自由判斷、投票表決、強勢領導者，以及凝聚共識——構成可供討論的光譜。任何一個團隊如果可以自行選擇組織形式，通常會選擇上述四種方式的混合體。

團隊依據被指定的組織形式完成排序之後，我們即根據結果給分數。最低0分（隨機），最高100分（全部正確）（如果你想知道自己的模擬測試成績，可參考本章最後的排序答案及給分方法）。

## 個人自由判斷和投票表決

個人自由判斷是團體決策的比較基礎。如果團體決策的分數比不上個人自由判斷的分數，顯然團隊作業就沒有必要。這個練習的目的在於說明，沒有一個人是萬事通，但每一個人都各有專精，供團隊成員分享。

投票表決即是匯集團隊成員的個人判斷，用電腦計算排序結果。由於過程中不允許相互討論，因此成員互相不受影響。投票表決的總成果，幾乎一成不變地介於團隊中最好與最壞團員成績之間。如果我們將每個成員的得分加以平均，與投票表決的得分相比較，後者通常高出十個百分點。

在什麼情況之下，投票表決是最好的組織運作方式？答案是：如果時間有限，而且團隊成員都瞭解投票程序，願意接受投票結果。投票表決的結果不是最糟的，但也必然不是最好的。如果我們只需確保不致做出最壞的決策，則投票表決會有幫助，但從另一個角度看，投票表決也同時代表犧牲做出最好決策的可能性。換句話說，投票表決不致使團隊的成績不及格，但頂多是個乙上。在下列情況之下，投票表決的成果比強勢領導者方式還要好：

● 派系原因。指派任何一個人擔任團隊領導者，都不是個好

主意。

- 我們無法預先知道誰的專業知識最強。
- 我們無法知道誰的領導能力最強。
- 我們懼怕而且懷疑派系因素將妨礙公開討論的成效。
- 沒有人願意擔負領導者責任。
- 使每個成員都覺得自己是促成決策的一份子。

投票表決是一種比較性的方法。如果團隊成員無法凝聚共識的話，投票表決應是較好的辦法。如果團隊領導者無法從成員處獲得充分資訊，或雖獲得充分資訊卻沒有能力或不願意運用資訊，則投票表決勝過強勢領導者決策。但另一方面，如果其他組織形式運作順利，投票表決則會是較差的決策形成方式。

投票表決的另一個缺點是，成員之間無法溝通意見。決策形成之後，成員的資訊仍然不足。就決策形成具有教育成員的效果而言，投票表決顯然不能達臻這個效果。

## 強勢領導者

強勢領導者的決策方式，是否能達成教育成員的作用，完全決定於領導者的領導風格。決策品質則是領導者的風格和知識的綜合。如果領導者的知識豐富，而且較能接受其他成員意見，則決策品質較佳；如果領導者的知識不足，而且拒絕接受其他成員的意見，則決策品質非常差。不聽取成員意見的領導者，團隊得分最低為5分（領導者的個人得分為3分），最高為95分（領導者的個人得分為90分）。

願意接受團隊成員意見的領導者，決策品質與凝聚共識的品質差不多，但勝過投票表決的成果。這類領導者個人得分可能是0，但團隊得分為85；或個人得分為50，團隊得分為95。然而，有些領導者雖敞開心胸接納相左意見，事後證明卻是錯誤的判斷。譬如，有一個團隊領導者的個人得分為88分，綜合成員的意見之後，團隊得分降為57分。

## 凝聚共識

我們所謂的凝聚共識法，是指每個團隊成員一致同意各事物的排序，才算是團隊決策。如果成員不熟悉凝聚共識的方法，過程可能浪費許多時間而且相當痛苦。然而，對於問題解決型領導者而言，此法是相當具有吸引力的，因為凝聚共識法是品質最佳的決策方式。為真正達到效果，運作時成員必須遵守下列原則：

- 並非每一個人都必須同意每一件事物的排序，而是每一個人都同意排序採用的原則。
- 避免為自己的看法辯護，只因為這是你的看法。相反地，要用邏輯和事實為你的看法辯護。
- 不可為了避免衝突而改變自己的看法。鼓勵他人提出事實和邏輯來說服你。
- 鼓勵他人根據事實和邏輯改變先前的看法。
- 不可運用投票、換票、交易等方式避免衝突。事實才是最重要的判斷根據。
- 根據事實而且合乎邏輯的不同意見，對於決策形成有幫

助。

- 不要為了當好人，而保留自己的意見。
- 必要的話運用直覺，但務必讓其他成員知道你在運用直覺。直覺對於討論有正面助益。

如果團隊學會凝聚共識的方法，可以達臻優質的決策。在練習過程中，凝聚共識法的得分，比個人自由判斷的平均分高出30分。

如果團隊使用凝聚共識法卻無法達成共識，得分非常低。失敗的凝聚共識法為了在時限內達成結論，充斥爭論、交換條件，以及劣幣驅除良幣的選擇。團隊無法凝聚共識時，每個成員都會知覺狀況不妙。這時候，有許多團隊寧可不做成任何結論，選擇交白卷。無法凝聚共識勉強做出決策，往往錯誤百出，而且不被成員接受，形同沒有決策。

凝聚共識法的最大優點是，成員可以分享資訊。在討論過程中，成員彼此聽取意見，發問問題。每個成員都能對實質問題增加瞭解，並進一步認識其他成員，有助於爾後團隊作業。凝聚共識法初次運作速度相當緩慢，但成員彼此熟悉後，決策過程則飛快。

凝聚共識法的另一個好處是，團隊成員日後願意分擔責任。投票表決也有分擔責任的效果，但無記命投票可能無法達臻責任效果（某成員會說：當時我投的是反對票）。強勢領導者法或許也能增加責任感，但通常成員們都袖手旁觀，讓領導者獨享勝利的榮耀或失敗的苦果。如果一個團隊真能凝聚共識，他們將進入下一個階段——對於決策成果榮辱與共。如果

成員沒有榮辱與共的感覺，表示團隊未達成真正的共識。


## 混合型組織

我們幾乎不曾看過任何一個團隊，僅使用單一組織形式。通常，團隊會採用一種主要組織形式，並混用一種或數種其他組織形式，以減少主要組織形式的缺點。如果團隊成員認為，進行討論將會受某成員的強烈影響，他們即先進行投票，再進行討論。

顯然地，強勢領導者法成功的關鍵，在於領導者的觀念和技巧。因此，以一定程序選擇團隊領導者的方法，是團隊得以成功運作的先決條件。成員投票選舉顯然是既快速又安全的方法。以凝聚共識法推舉領導者的效果雖然最佳，但花費時間較多。

效果最差的，莫過於先選出一個頭頭，再由頭頭指派主持團隊運作的領導者，但大多數團隊都採用這種方式。頭頭指定領導者的方式，唯有被指定的領導者觀念清楚，而且對於成員有信心，才能運作良好。

運用凝聚共識法的團隊，如果成員專業知識不足，無法提供充足資訊，將使凝聚共識法夭折。運用凝聚共識法的團隊成員專業知識不足時，除非成員提供資訊時顯得缺乏自信，我們很可能無法察覺。遭遇這種情況時，團隊成員可以先行分頭進行資料蒐集，或與其他專業知識較豐富的團隊結合，成績即可以進步。

即便是單一形式的團隊運作形式，也有多種型態。譬如，

投票表決方式固然相當機械化，成員卻可以自訂遊戲規則，規定三分之二或四分之三的成員投贊成票，才算有效。

運用強勢領導者法的團隊，領導者的作風迥異；更由於運作方式呈現不同面貌，團隊成員也各承擔不同的功能。譬如，有些團隊有正式記錄人員，記錄討論內容；有些團隊僅有非正式的記錄人員；有些團隊由領導者自己記錄；有些團隊完全不做記錄。

採用凝聚共識法的團隊，因問題的本質、成員、條件的差異，也呈現多種不同運作型態。譬如，某位經驗豐富的成員儼然扮演領導者角色，相當不符合凝聚共識法的基本特質。凝聚共識法並不是「沒有領導者」，而是領導者必須受凝聚共識法的限制，主導凝聚共識的過程，而不是決策內容。另一種極端形式為，凝聚共識的過程中全然沒有領導者，只根據凝聚共識的原則運作。

務必注意，不論團隊採用哪一種組織運作方式，都必須獲得成員同意。雖然沒有公開討論的程序，這種同意通常都由成員達成共識。多數團隊通常經由內部運作，形成使用某種組織形式的共識。譬如，某成員建議採用投票表決，由於團隊成員都熟悉投票作業，即無異議通過。

如果團隊企圖更改組織運作方式，必須由某成員發動，再一次凝聚新的共識。這個過程將引起擾動，因此，除非這位成員認為新運作形式確實較好，不會貿然提出更改組織運作方式的建議。這又回到我們最初始的問題：「問題解決型團隊的最佳組織運作方式為何？」

## 形隨機能

在「世界紀錄排名」的練習中，我們學到的最重要一課為：面對待解決的問題，沒有任何一種組織形式永遠是最好的。雖然這是一個決策模擬練習，卻能運用於任何一種解決問題的情境。組織的結構則根據美國建築大師法蘭克·萊特（Frank Lloyd Wright）的建築學經典宣言：「形隨機能（Form follows function）。」

問題解決型團隊的功能為何？組織的目的在於創造適當的氛圍，使成員能夠：

- 瞭解問題。
- 管理交流中的想法。
- 維持決策品質。

如果組織的形式無法達臻上述目的，領導者必須另覓其他的組織方式。

為了使學員們的觀念更清楚，我們在課堂上會重複這個排序練習，並增添新的排序事物。有時候，我們略微改變模擬練習的給分標準，好讓團隊選擇最適合的組織運作。譬如，我們規定在十分鐘內完成排序或得分在60分以上，才算及格。這些限制往往使各團隊選擇以投票方式完成排序。

如果我們將及格分數提高為75分，各團隊根據以往的經驗，認為投票表決法將無法及格。於是各團隊即選出以往表現良好的成員擔任領導者，並以問答方式充分提供給領導者相關資訊。提高及格分數之後，選擇強勢領導者法的團隊，及格的

機率有一半；選用投票表決法的團隊則幾乎都不及格。

如果將及格分數提高為90分，並將決策時間延長為三十分鐘，幾乎所有的團隊都選用凝聚共識法。各團隊運用他們已嫻熟的凝聚共識法，幾乎都僅使用百分之七十的時間，即能得到90分以上的高分。如果團隊成員中有金氏紀錄專家，該團隊即推選這人擔任領導者，採用強勢領導者法，僅討論少數幾項不甚確定的事物數值，即完成排序。但這種情形甚少發生。

有時候，各團隊已選好組織運作方式開始運作；我們卻臨時提出新的給分標準。這樣做的目的在於使學員瞭解，沒有任何一種方式永遠最好，只有根據當下情況，才能決定哪一種方式最優質。如果條件改變，組織運作方式就必須改變。沒有任何一種組織方式永遠最好，甚至沒有任何一種組織運作方式能長時間排名第一。有效率的領導者能協助團隊偵知環境變化，並找出因應新情勢的新組織運作方式。


## 附錄：排序與給分

如果你嘗試自己決定排序，可從金氏紀錄中找出正確排序。然後我們再根據排序結果給分數。詳細給分方式如下：

### 計分表

將你的排序結果寫在B欄，計算出正確排名與你的排名的差值，然後自乘二次方，得出x值，然後依公式算出y值、z值和q值，即是你的得分。

|  |  | (A)<br>實際 | (B)<br>決定 | (A-B)²<br>差的平方 |
|---|---|---|---|---|
| 366英尺 | 最高的樹 | 4 | /// | _____ |
| 5577英尺 | 最長的香蕉船聖代 | 10 | /// | _____ |
| 1245英尺 | 最高的煙囪 | 9 | /// | _____ |
| 245英尺 | 最長的水母 | 2 | /// | _____ |
| 560英尺 | 最高的噴泉 | 6 | /// | _____ |
| 197英尺 | 最大的摩天輪（直徑） | 1 | /// | _____ |
| 663英尺 | 最高的移動式起重機 | 7 | /// | _____ |
| 444英尺 | 最遠的飛盤拋擲距離 | 5 | /// | _____ |
| 935英尺 | 最高的水壩 | 8 | /// | _____ |
| 298英尺 | 最長的吧檯（銷售飲料用） | 3 | /// | _____ |

平方和＝

計算分數

1. $x$＝平方和 _____
2. $y$＝$x$ / 165 _____
3. $z$＝1.00－$y$ _____
4. $q$＝100×$z$ _____ ＝得分

◆自◆我◆檢◆核◆表◆

1. 你曾隸屬於哪些團隊？這些團隊運用哪些組織運作方式？
   各種方式分別因應哪些狀況？

2. 回憶上次運用投票表決的情景。當時是否為了避免衝突？
   成效如何？如何更改計票標準，使表決更有效能？

3. 如果你在團隊中擔任決策者，你如何判知自己表現良好？

你是否記錄決策內容，並在事後檢視？你是否詢問團隊成員，這項決策對他們有何影響？如果你沒問，原因是什麼？

4.如果你參與的團隊沒有領導者，你是否明示或私下遴選一個領導者？用什麼方法？是否能改用其他方法，激發其他成員更積極參與？請記錄變化的情形。

5.下次當你參加團隊作業時，徵詢其他成員的同意，擔任程序觀察者。如果獲得同意，你可以記下因應不同狀況，組織運作方式變化的過程。並在其他成員同意的中點時段，向團隊報告你的觀察結果。如果其他成員不同意你報告，請自己思索原因為何。你仍然繼續記錄，但不向團隊報告。最後，你仍必須努力取得成員們的同意，提出報告。

6.下次當你領導團隊時，請選一個成員擔任觀察者，執行上一題的觀察工作。同時要求這位觀察者向你報告，你的領導狀況如何。

7.各組織以不同名稱指派會議主席，譬如領導者、主席、仲裁者、促進者。你的團隊使用何種名稱？為什麼？這名稱對你有何意義？

# 18 有效組織的障礙
## Obstacles to Effective Organizing

當日常生活中出現緊急事故時，你的做法傾向於：

a. 發號司令並且負責任。

b. 接受命令並提供協助。

——性格測驗題

如果你希望知道自己是不是一個好的組織者，獲知答案的方法之一為接受性格測驗。最近我接受一個類似的測驗，上述問題即是題目之一。這道題目使我想到有效組織的真正障礙是什麼。性格測驗卷首的答題注意事項指出：

**不可思考太久再作答。如果無法選定答案，請跳過。**

作答的時候，我將注意事項謹記在心，結果全部一百六十六道題目，我有一百一十四題沒有作答。其實，我不作答的題目可能更多，但我不想讓心理分析師說我這個人的決斷力不夠。或許我會被貼上「優柔寡斷」的標籤，或更糟糕的「不合作者」。但這些都無所謂。

事實上，我這個人的確難以相處，不喜歡做決定；所以心理分析師們的判斷可能相當正確。以一個組織者而言，「不合作」將使我名次落在最後，「優柔寡斷」則根本剔除我的資格。

## 第一項障礙：大人物遊戲

有些人認為，要成為一個組織者，必須是一名經理人。如果你相信這個說法，而且你不是經理人，你已有了第一項障礙。這些人認為，經理人就是決策者。有一本經營管理書籍如是說：

經理人的職責即是解決問題和做成決策，而不是事必躬親地苦幹實幹；實際做事的應該是其他人。

在這種經營管理模式之下，組織裡分成兩種人：

a. 組織者。

b. 被組織者。

對於本章開頭心理分析專家提出的個性測驗題，如果你希望自己是組織者，最好選答（a），因為你必須「發號司令並且負責任」。相對地，組織內的其他人最好都選答（b）「接受命令並提供協助」。這種類型的組織肯定相當難找。我曾見過許多組織，裡頭的成員都喜歡提供協助。我也見過許多組織，裡頭多數人都必須聽命於人，雖然沒有任何人喜歡被命令。

事實上，我也很少見到喜歡發號司令的人。多數不喜歡被命令的人都認為，自己只有兩個選擇：發號司令或聽命於人。這種錯誤的二分法猶如薩提爾所稱的「大人物遊戲」（the Big Game）：

## 誰有權力指使他人？

大人物遊戲只有一個遊戲規則：「使盡手段丟掉燙手山芋。」有些人試著讓他人產生罪惡感，或傷害他人的自尊心。有些人挑釁對手，希望消除對方的指使權力。有些人擺出這樣的態度：「我是弱者，需要你的幫助。」有些人則使出：「我如此聰明（年紀大、老江湖、男性、白種人、有錢人……），你必須聽我的。」有些人則大玩這樣的遊戲：「我很難以捉摸。向我發號司令，你必然後悔。」最佳策略則出自於心理分析專家：「如果你不按照我的想法作答，就是（軟弱無主見），（不合作）或（反社會心態）。」

　　大人物遊戲是有效組織的最大障礙。許多組織，包括家庭和人際關係，成員們都忙著玩大人物遊戲，而忘記了組織的原始目的。

## 第二項障礙：視組織成員為機械人

　　大人物遊戲的潛藏意義為：參與者對抗他人的方式，猶如程式設計師之於電腦，而不是把對手當成能多面向解讀命令的聰明決策者。

　　執行一項電腦程式時，你比較喜歡：

a. 告訴程式設計師該怎麼做。
b. 聽命於程式設計師。

　　這道問題相當重要，因為多數人希望機器能乖乖聽話。機器玩大人物遊戲必輸。也就是這個原因，人們喜歡使用機器。

　　如果你是個程式設計師，必然已習慣電腦一個口令一個動作的運作模式。如果電腦不聽話，根據經驗，你知道出問題的不是電腦，而是你的指令不正確。因為你的指令不能傳達你真正的意圖，電腦只好根據已設定的邏輯運作。或許你按停止鍵，但你的意思並不是立刻停止，而是「當你運轉到不會損壞我的資料時，停止。」

　　人和機器不同，對於「停止」會有數種不同的解讀。因此，你的檔案不會輕易遭銷毀，但停止的動作可能較長。在大人物遊戲中，如果發號司令者的指令被正確解讀並執行，那很好。相對地，如果指令被誤解，發號司令者即認為對手意圖擊

敗他。

如果不是玩大人物遊戲,一般人都能接受指令遭曲解的情況;也明白拒絕一個愚蠢的指令,代價不會太高。如果組織者希望成員能一個口令一個動作,而不是每個人都能做清楚判斷,那麼他最好去操作電腦。

參加大人物遊戲的人遭遇困境時,通常會將他們發出的指令修正得更嚴整精確。這一點很值得運作組織的人警惕,因為把人視為機器即是有效組織的另一大障礙。

把人視為機器有時相當有效,但過度運用的結果,將造成過多的書面規範和書面程序,於是效用開始降低。因為沒有人有時間讀完這些書面資料,更別說遵循其中指示。領導者則忙於撰寫書面程序,以致忘了與他的成員密切聯繫。

## 第三項障礙:事必躬親

有些人認為,大人物遊戲模式是有效問題解決型領導的障礙;某些創新的問題解決型領導者更是看不起大人物遊戲模式。這些人認為,接受命令將影響創新。具有創新精神和能力的人,不屑參與大人物遊戲。這種看法使其他參加遊戲的人憤怒莫名,如同我拒絕計算桿數時,我的高爾夫球友也相當生氣。

這類型的創新者,通常拙於為他人創造適宜的工作氛圍。原因之一為他們不提供建言,以免自己的指令遭誤解。他們或許不明白,人不像機器一樣一個口令一個動作。人對於命令有回應,但對於建議、讚美、暗示、鼓勵、獎勵和警示,也有回

應。運作組織必須有多種決策方式和發布指令方式。

　　相對地，缺乏有效溝通則是較次要的障礙，但可以經由訓練和經驗加以克服。比較嚴重的障礙是，創新領導者發現團隊成員無法勝任工作。不論其中原因是溝通不良、技術不佳、觀念錯誤或做事方式不一樣，這時候，創新領導者的第一且最強的直接反應，通常都是跳下去承攬成員的工作。為什麼他會這樣做？因為創新領導者認為自己可以做得比成員更好。這種情況對於問題解決型團隊最大的障礙便是，領導者認為自己以往的成功經驗足以再次解決問題。

　　為什麼強行插手是一大障礙？問題解決型領導者的職責，不就是以任何方法解決問題嗎？這個看法誤解了「職責」的真意。領導者的職責不在於解決單一問題，而在於營造解決眾多問題的環境；不是針對當前的問題，而是將來的問題。

　　當然，如果當前的問題不解決，很可能沒有將來可言。訓練實習醫生的外科醫生，不可能不顧病人的安危，放手讓實習醫生蠻幹；而是教導實習醫生，好讓他有能力救治下一個病患。同樣地，專案經理人不能眼睜睜地看著案子在成員手中失敗，導致公司破產。如果這樣的話，大家都失業了，也不必再辛苦經營團隊迎接下一個案子。

　　眼前的問題是否攸關公司存亡，必須由領導者明辨抉擇。


## 第四項障礙：獎勵缺乏效率的組織

　　或許我真的缺乏決斷力，不是個領導者材料。但是我相信，優秀的領導者鮮少自己擔任決策者，更別說為了存亡攸關

的問題做決策。是否要移動血流不止的病患,如果抉擇錯誤,風險相當高。

當然,如果你能避免意外發生,沒有人必須做抉擇,也不會發生風險問題。因此,測驗領導者是否優秀的問題為:

外出旅行時,你選擇司機的條件為:

a. 沒有肇事紀錄,但車禍發生時可能不知所措。
b. 平均每週肇事一次,處理車禍事件駕輕就熟。

說起來可悲,多數人都選擇(b)。和平很難達成,戰爭卻較有英雄氣概。真正優質的組織似乎缺少戲劇性變化。

為什麼程式設計師開夜車清除自己的錯誤程式,我們卻給予獎勵?為什麼經理人解除自己團隊造成的危機,我們也給予獎勵?為什麼程式毫無錯誤的工程師,我們不給予獎勵?為什麼經理人打造的團隊從不製造危機,而我們不給予獎勵?

組織的目的不是解決問題,而是避免問題。遭遇問題之時,再開始運作組織,已然太遲。或許有效組織的最大障礙為,我們偏愛獎勵缺乏效率的組織。


## 有機組織

典型的心理分析測驗,有許多本章開頭列示的題目。如果每個人都圈選相同的答案,顯然這個問題就失去意義。心理分析學家設計題目時,設定圈選(a)或(b)的人各佔百分之五十。因此,接受這項測驗的人,有一半圈選喜歡發號司令,另

一半圈選喜歡接受命令。

這就奇怪了。如果你相信大人物遊戲，不是每個人都喜歡發號司令，成為贏家嗎？或許接受測驗的人不喜歡大人物遊戲，只是胡亂作答。或許接受測驗的人並不瞭解問題的真意。

跳脫這個矛盾的方法之一為，另有第三個選項：

c. 停止玩遊戲，進行危機處理。

我希望自己永遠不會在交通事故中受傷。如果不幸受傷，我希望旁觀者不是在一旁玩大人物遊戲，而是發揮曾接受過的訓練和成熟態度，採取適當措施。或許大難當頭之時，我已經失去處理的能力，竭誠希望有能力的人出面處理，無需由我發號司令。

問題解決型領導模式便是奠基於這類有機模式組織。根據有機模式，因應不同的狀況，有些人選擇當老大，有些人喜歡當小弟。發號司令與接受命令都只是達成目的的手段，本身不是目的。在最有效的組織裡，其中成員都努力解決問題和做決定，以達成目的。在有機模式，取得領導權的人已完成組織編整的工作。領導者的工作在此處較適合定義為：

問題解決型領導者的大方向為：營造一個適當氛圍，使每一個成員都能解決問題，做成決策，執行決策；而不是自己親自解決問題，做成決策，執行決策。

在這個模式中，運作組織並非創造一套嚴整規範，也不是發號司令或接受命令，而是圓滿完成工作。

自 我 檢 核 表

1. 當你基於協助的本意，指出團隊的組織運作不良時，是否曾被貼上「不合作」的標籤？當時你的感覺如何？是否有效增進團隊運作的成效？

2. 團隊成員反對團隊的做法時，你是否說他「不合作」？結果這做法的成效如何？是否有其他更有效率的方法？

3. 你上次玩大人物遊戲是什麼時候？你是輸家、贏家，還是學習者？你樂在其中嗎？那次遊戲是否順利完成任務？

4. 你寫備忘錄給團隊成員，還是和他們面對面溝通？你自己覺得這樣做的感覺好嗎？他們感覺如何？備忘錄的效果如何？

5. 面對命令、備忘錄、不合作者，以及其他大人物遊戲症狀，你如何因應？

6. 最近一次，你將工作分派出去，然後又自己跳下去做，是什麼時候的事？你的感受如何？其他人的感受如何？工作最終完成了嗎？下次你再把工作分派給那個人，會發生什麼效果？

7. 你是否因組織缺乏效率受獎勵？或給予缺乏效率的組織獎勵？你能否創造一個相反的工作環境？

# 19 學習成爲一個組織者
## Learning to Be an Organizer

　　在組織內工作的人，權力的第一特獎為：有能力施展作為，加強組織在大環境中生存和發展。能夠這樣做的人，擁有相當權力。如果無法以這種方式影響組織，則權力附帶的各項陷阱——掌控、主導、特權、威脅恐嚇、復仇、高績效、低績效——全部變成毫無意義。這些只構成權力的二獎（或糾察隊獎），或是讓人感覺有權力或看起來有權力。事實上，它們只是缺乏權力的結果。組織權力的真正意義為：你是否能影響組織？你對環境的因應作為是否能使組織安全並壯大？或許你是公司的執行長，受領天文數字的薪水，享有超級豪華福利。你是山巔的國王或皇后，統治並恐嚇威脅你的子民；但是，如果你不能使公司安全並獲利，你只能得到次等獎賞。

——貝理・奧胥力（Barry Oshry）
Power and Systems Laboratory

你 如何爭取第一特獎？你如何影響組織，使它更安全更壯大？對於這個問題，我沒有完整答案，但我有一系列多面向的看法。

## 練習

第一項看法是如此通泛，以致我羞於寫出來。但我必須寫出來，因為我們百分之九十的學員都不知道，成為有效的組織者必須勤加練習；練習再練習。或許他們因為怕犯錯誤，因而影響別人的生活，所以希望先嫻熟理論。理論固然重要，卻無法避免所有的錯誤。關於如何組織團隊，有多種相互矛盾的理論，而且，不經過實際演練無法瞭解。

如果你沒有實務經驗，如何能瞭解自己擁有的權力以何種方式影響組織？如果憑空想像，你可以想出千百萬種狀況，包括不同的組織形式，不同的組織運作方法。有一群學員運用腦力激盪法，列出下述各種組織：

- 社區事務：慈善募款，經營特價商店，擔任地方公職，經營廢棄物回收中心，擔任義勇消防隊員。
- 政治事務：支持某候選人，發起請願活動，組織遊行示威。
- 專業事務：電腦使用者團體，專業協會，校友會。
- 青少年事務：童子軍隊長，小聯盟教練，青少年旅遊團領隊。
- 協助弱勢：醫院志工，療養院志工，陪伴殘障者。

- 社團：獅子會，國際演講協會，共濟會。
- 宗教事務：傳道，諮詢，委員會。
- 運動團隊：壘球、保齡球、棒球。

職場中也有許多運作組織的機會：

- 參加訓練課程，回公司召集聚會，向同事報告學習心得。
- 參加實驗性訓練。
- 成為某人的學徒，或收某人為學徒，或兩者兼行。
- 擔任訓練員以學習組織運作。
- 成為某人的導師，以對單一人練習。
- 主持專業會議。
- 召開並主持不同型態的團隊會議。

總而言之，盡量參加各種活動，以體驗不同的組織，擔任不同的職務。如果你對自己說：「噢，我無法忍受做這個。」此處就是你最好的起點，足以填補你經驗上最大的漏洞。


## 觀察與實驗

參與是最古老的學習方式。在日常生活中，你將發現你參與不同的組織，毫不費力地獲取組織經驗。如果你覺得自己早已嫻熟這種方法，你可以進階你的學習方式：運用科學方法。

科學方法即是不讓自己被動地汲取經驗：科學就是觀察和實驗。方法非常簡單，你只須每週參加開會，觀察成員坐什麼位置，發言幾次，發言時間多久，問什麼問題，由誰答覆問

題。這種觀察方法能學到什麼？我也不知道。但我可以肯定地告訴你，運用這種方法觀察自己工作環境的人，能學到人們於各種活動所運用的各種組織運作方式。

觀察可以成為習慣。一旦你決定進行觀察，事事都值得觀察：等候電梯，超市購物，觀賞超級盃比賽，都將成為新而豐富的經驗。

一旦你學會觀察的技巧，即可進行一點小實驗。你不妨下次開會時提早到達會場，選一個不同的座位。這樣做的效果，一方面你可以換一個角度觀察，或許能見到變換座位的「大風吹」效果。或是你可以改變會場擺設：桌子換個方向；加一把座椅或減少一把座椅；帶一本記事本；或拿走所有的鉛筆。

這個實驗非常安全，因為沒有人知道你到底做了什麼。於是你愈來愈大膽，動作愈加大。開會到一半時，你拿起筆在記事本上記錄重點。如果向來只有你做筆記，遞給旁座的人一枝筆。討論過於激烈時，你提議暫停；討論偏離主題時，你建議更換座位。

實驗和觀察一樣，可以養成習慣。等電梯的時候，你可以要求同伴按照秩序進電梯，以免後頭的人插隊。下次你用汽車載全家出門時，不妨讓孩子們做若干決定，看看會發生什麼結果。

## 找出不一致點：他們已竭盡所能

觀察某個團隊的組織時，你的觀察重點為何？最佳指導原則為觀察不一致點，也就是表面狀況和實際狀況的差別。譬

如，觀察新手常常誤判組織的權力結構。他們看見他們預設的
情況，卻沒有看見預設情況和實際情形的不一致性。

譬如，有些人認為組織的權力結構與組織架構圖一致。如
果你觀察成員互動的情形，或許將發現實際情形與架構圖不
同。會議主席真能決定發言秩序嗎？或是由某人建議誰該發
言，而後主席點頭默認？組織成員由正式管道取得資訊？或是
有他們自己的非正式管道？

對於組織運作，我個人有若干假設。其中最重要的假設
為：每個組織成員都希望自己是個有用的人——對於組織能有
貢獻。但實際觀察的結果，這個假設卻很難成立。如果某組織
的大部分成員都熱情不足，甚至心態消極，這個假設就可能錯
誤。如果每個人都熱切求表現，為什麼會無精打采？

我的朋友史坦・克羅斯（Stan Gross）對於成員無精打采
的組織自有見解：

「在那樣的環境下，他們已竭盡所能。如果我認為他們沒
有盡力，即是我不瞭解他們所處的環境。」

這裡所說的「環境」，通常是組織與所承擔工作之間的不
一致性。

問題到底出在哪裡？初介入一個組織時，很難察覺問題癥
結。深入觀察，我即試圖找出問題解決型領導者犯了下列三項
錯誤的哪一項：

● 界定問題。
● 處理眾多觀念。

●控制品質。

團隊就和個人一樣，如果運用錯誤的組織形式解決問題，可能造成負面功能。看見某個團隊出現負面功能，我的第一個假設是，這個組織的目的在於解決某些問題，但顯然不是他們目前手上的問題。

通常的情形為，由於手上的問題和以前處理過的問題類似，因此他們選用同樣的組織形式來解決問題。譬如，某團隊以往遭遇的狀況，快速解決問題比決策品質重要，因此他們習慣用強勢領導者的組織運作方式。但手上的問題，卻需要運用達臻高品質決策的凝聚共識組織運作方式。一旦某成員發現團隊陷入歷史窠臼，團隊成員即知道，應該改用其他的組織形式了。

# 搭錯線

新成立的組織當然不會有歷史，而且組織的形式可能是錯誤思維的結果，就像下面這個例子。

經過內布拉斯加州（Nebraska）十個酷寒的冬天，丹妮和我終於妥協，買了一條電毯回來。拖延這麼久才買電毯的原因，是因為夫妻倆對於舒適睡眠溫度的感受不同。我們買的電毯備有雙開關，夫妻可以各自調整自己認為適合的溫度。即便如此，我對這項新產品仍抱持相當懷疑的態度。

第一次使用電毯的夜晚，丹妮幾乎凍斃，我則差點被烤熟。我整晚忙著調整開關，到了清晨，發覺丹妮也做了同樣的

事。我們立刻把電毯帶回希爾斯百貨公司（Sears），要求換一條沒故障的毯子。售貨員極有耐心地向我們解釋，我們像許多消費者一樣，接錯了開關線。

讓我們來看看，丹妮和我如何在搭錯線的電毯底下度過寒暑交錯的夜晚。電毯的控制開關由一至十。我們調整至五的位置開始睡覺。半夜時分，丹妮覺得有點冷，於是將該她那一方的開關調到六。但她的開關連結到我的電毯，我覺得有點熱，於是將開關調到四，而這開關卻連結到丹妮的毯子。於是丹妮將開關調整到七，我覺得更熱，便把開關調整到三。於是她覺得更冷，將開關調整到八。最後，丹妮將開關調至十，我則將開關關掉。下半夜，兩夫妻各自處於北極冰寒和赤道酷熱，受盡折磨。

整個故事可以概述如下：丹妮和我希望夜裡可以睡得舒服，決定買一條電毯使用。我們希望電毯能發揮效能，結果卻受盡折磨。故事中的男女主角都沒有惡意，我們希望兩人能各自舒適，結果是夫妻都受苦，只因為搭錯線。

這個故事也不是目標錯誤的問題，因為夫妻倆都希望買一條毯子使用。問題的癥結在於開關線路連結錯誤，也就是組織運用錯誤。售貨員發現他們用盡方法仍然不能達到目的時，即判斷他們搭錯線。


## 差異合理化

售貨員無需來我們的房間實地查看，即可知道兩夫妻在搭錯線的困境中奮鬥的慘狀。

組織的許多問題，肇因於各個成員的不同，而組織的運作形式並沒有考慮到成員的差異性。譬如，以易雍心理學說為基礎的麥布二氏（Myers-Briggs）性格理論指出，人們在以下四個領域呈現差異性：

● 社會性。
● 認知方式。
● 做決策。
● 行動。

以認知方式而言，這項理論指出，有些人（N族群）喜歡以直覺方式認知事物；有些人（S族群）則偏愛根據具體資料進行認知。S族群主導的會議，N族群可能認為資料過多，覺得索然無趣。如果S族群將N族群的反應誤解為認知不足，將再提供更多資料。於是N族群更覺得乏味，終於像我一樣，關掉電毯開關。

由N族群主導的會議，有可能陷入同樣的惡性循環。S族群要求「舉出更多事實支持你的看法」，N族群將認為對方惡意阻撓會議。解決這個問題唯有一個辦法，即是認知彼此存在差異，並建立一個包容差異性的組織機制。譬如，你建議下一次開會前，S族群將資料匯整成一張圖表。

麥布二氏模式可以協助偵知組織成員的差異性，並指出調整方式，以使組織更加有效率。有興趣的讀者可以進一步閱讀《Please Understand Me》等書。

## 你自己就是個小團隊

你的腦袋就是一個小組織：最近的腦部研究顯示，人類的腦袋並不是一個單體器官，而是眾多部分相互依存的組織，各自有其才能偏好和弱點。你對於腦內運作程序愈瞭解，就愈能運用它作為瞭解團隊運作的模型。

譬如，麥布二氏模式指出，每個人「充電」的方式不同。有些人偏愛經由內部資源（I 型），有些人偏愛經由外部資源（E 型）。進行自己的腦內程序觀察時，無需運用理論。你是否曾經有同時想獨處又想找個伴的感覺？如果答案是肯定的，你對於組織內希望獨力解決問題的人，以及希望群策群力解決問題的人，就懂得如何進行調和。

## 成功後力行轉變

觀察周遭的組織運作狀況，無礙於你學習成為一個有效率的組織者。你如何發覺最適合你的組織運作型態？方法之一為並用你的腦內程序模式，以及團隊解決問題的組織運作歷史。你無需重組自己的腦袋，以因應目前的問題；而是問自己，你腦袋的組織方式適合哪一種工作；然後選擇一個最適合自己以及自己最偏好的模式。

不同的問題，必須以不同的組織形式因應。這個模式也適用於個人。對於組織的認識，給予你極大的變革權力，於是你將與從前大不相同。某天早上醒來，你會發現自己擁有莫大權力。

　　你的權力創造了新環境，於是你必須面對新環境。隨著你個人權力的擴增，你每一個小動作的影響也加大。當你提出建議時，眾人會認為是命令。當你提出質疑時，眾人認為你已然否決。你微笑，表示贊同；你皺眉頭，表示大事不妙了。

　　伴隨新權力而至的，你必須學習運用權力。矛盾的是，你的權力愈大，學習運用權力愈顯困難。如果眾人認為你擁有極大權力，你就無法站在一旁觀察而不影響他人。你已無法再進行小實驗，因為你的一舉一動都影響深遠。即便你不動如山，人們仍然密切注意你，甚至以行動測試你的反應。

　　隨著權力逐漸擴增，你的活動日益受限制。觀察者變成被觀察者；測試者變成被測試者；客體變成主體。或許你不喜歡思考這些後果，但是如果你不仔細思考，權力將行癱瘓。下一章將告訴你如何因應這些狀況。

## 自 我 檢 核 表

1. 你花多少時間，用來思考或因應權力的陷阱？你是否認為，花費這許多時間，倒不如輕鬆工作，獲得奧胥力所謂的糾察隊獎就足夠了？

2. 寫一張清單，列出每一個你可以練習組織技巧的機會。再寫一張清單，列出你可練習但未練習組織技巧的機會。在第二張清單上任選一項，找出你未用以練習組織技巧的理由。如果你有效組織自己，能否掃除這個理由？

3. 列一張清單，寫出你可以觀察並實驗組織運作的各個機會。再列一張清單，寫出你可以觀察並實驗，但你未加以

利用的各個機會。你能否從第二張清單中挑出一個項目，找出未利用的原因，然後清除？

4. 回想一下你是否有下述經驗：全力以赴的時候，卻被認為沒有盡力。當時你有何感受？你是否為自己辯護？結果如何？

5. 回想某次，你認為某人沒有做出貢獻的情況。你是否能解讀為，在那種狀況之下，他已經盡力而為？當時那個人試圖解決什麼問題？下次再發生類似狀況時，你能否找出原因？

6. 上次你與某個同事發生爭論，是什麼時候的事？你當時是否沒有搞清楚狀況？你要如何防止類似狀況再發生（什麼？你不曾與同事爭論？那麼你必然是個傑出的領導者或已躺進棺材）。

7. 請運用麥布二氏模式，或從《Please Understand Me》這本書中找一些自我測驗題目。並試著找出同事的性格類型，一起討論兩人個性類型不同對於組織運作的優缺點。

8. 你是否有過自我爭執的經驗？下次發生這種狀況時，記下爭執的內容。爭執的雙方各代表哪兩種性格類型？你是否曾與別人發生同樣的爭執？

　　為了成為技術領導者，只懂得領導的技巧是不夠的。不論你多麼精熟領導的專業知識，你將發現自己受到不停轉變的痛苦折磨。你必須自動自發、條理分明並具有創新精神，才能歷經轉變而倖存。

　　本篇將討論下列議題：於你轉變之際，他人如何測試你；面對困難時，你如何測試自己；你如何策劃轉變；如何找出時間落實轉型計劃；計劃施行不順暢時，如何獲得他人支持。

# 20 屬下將如何考核你的領導成績

How You Will Be Graded as a Leader

　　無論你如何擔心或在意，你都無法改變鳥群飛越你頭頂的
事實；你可以改變的，是不讓牠們在你的頭髮上築巢久留。

——中國俗諺

**轉**變永遠是困難的，好比遊戲規則已全然更新，卻沒有一本遊戲規範可供參考。舉個例子，我們的青少年時代都在學校中接受評等，因此我們研習各項規範以求及格，終於順利畢業。離開學校以後，拿到差勁的考績已經夠糟糕的了，但當我們試著求進步時，卻發現規範已全然變更，以致無計可施。

同樣地，我們花了一輩子時間學習做個好屬下，卻猛然發現自己已站在領導者的位置，而別人正以領導者的角色評估你。回想小學一年級第一天上學的無邊恐懼，再乘以一百，你就能體會初當領導者的困境。

## 教授的開學日

為什麼擔任領導者如此困難？首先，你的角色比較像老師，而不是學生。學生只須面對自己一個人的問題，老師卻必須回應眾多人的問題。教練和球員的角色差別也類似。如果你認為學生最害怕開學的第一天，你何不站在老師的立場想想看。

每個學期開始，丹妮重返爬滿長春藤的教室大樓，同樣的情節總是再上演一次：學生走錯教室，學生遺失選課單，或多了一張別人的選課單，學生買錯教科書而且寫上自己的名字，學生臨時要求選課，教室太小無法容納選課學生，教室窗戶鎖死無法開啟。

丹妮的學校開學那天，我向來故意安排出差在外。有一年，我安排錯誤，剛好在開學日那天結束出差返家。丹妮那天

已經夠煩了，還得到機場來接我。因此我並不期望她會有好心情，特別是那天我與數個自憐自艾的新經理人開會，過得也並不怎麼愉快。

飛機滑近出口的時候，我試著想出一句安慰丹妮的話，可是心情太惡劣了，居然找不到半句。在出口處見面擁抱時，我只能勉強擠出一句：「今天在學校愉快嗎？」空洞的話顯然不能達成任何效用。駕車返家途中，我們彼此沒有再多說一句話。

## 致命的問題

半個小時之後，我癱進沙發，丹妮啜一口酒，歎著氣說：「你知道嗎？我認為我能忍受開學第一天所有的事，只有一樣無法忍受，就是學生問我那個致命的問題。」

「什麼問題？」我接口，慶幸她還有說話的力氣。

「你也知道的。不論哪一門課，或幾年級的學生，總是會問：『溫伯格教授，你如何打我們的分數？』」

「這問題有什麼困難？」

「因為他們似乎只關心分數，卻不關心能學到什麼。」

「這我就不瞭解了。我認為學生關心成績沒有什麼不好。如果學生不關心成績，你何必給他們打分數？」

「噢，並不是我認為他們這樣問不合理，而是這問題永無止境。如果我告訴他們給分數的標準，他們就更進一步詢問細節。如果我告訴他們，成績按照期末考試、讀書報告、家庭作業和出席狀況評定。於是他們會進一步追問：每個項目佔多少比例？」

「你又怎麼回答呢？」

「我告訴他們說我不知道。我沒辦法確實告訴他們，這項佔百分之三十，那項佔百分之二十。而且我的算數不太靈光，加起來恐怕不會是100分。」

「或許這就是問題的癥結。」

「你的意思是？」

「問題出在你用加法打分數。」

「難不成還有其他方法？」

「今天我也遭遇同樣的問題。那些經理人問我如何打考績。我告訴他們應該用乘法，而不是用加法。」

「我無法理解，」丹妮說：「學生已經抱怨給分數的方法脫離實際。」

「這就是我的重點。在真實世界中，你不應該把學生各方面的表現加總，而是相乘。如果你把考評項目分成四部分，某學生各部分的表現都是80分，總成績不是四個項目相加後平均的80分。」我拿出計算機計算：$0.8 \times 0.8 \times 0.8 \times 0.8 = 0.4096$。「你看，總成績應該只有40分。」

## 領導者的乘法考績標準

累積多年的經驗，我知道丹妮對於理論不感興趣，尤其是我的理論。她懷疑地說：「這個方法符合實際嗎？」

「正式打考績時，這個方法可能不管用。但實際上，這種方法卻是眾人給領導者打分數的方式。」我早已準備好答案：「尤其是對於技術領導者。你記得微巨軟體（Minimaxi Software）的沃爾多先生嗎？他顯然是我所認識最優秀的技術

人員之一，對於電腦從硬體到軟體可以說是無所不知。」

「但是他脾氣太壞。」丹妮說。

「沒錯！他在技術方面可以拿到100分，但他一發起脾氣來，可不得了。沃爾多先生的火爆脾氣，使他的屬下對他失去信心，即便他電腦技術高超也無法彌補。為沃爾多先生打分數，應該把他的技術分數100分，乘以情緒分數50分，總分是50分，不及格。而不是將兩個項目相加除以二，得出75分。」

「這相當有趣。」丹妮說：「如果兩個項目的分數相反，也是同樣算法嗎？」

「你說的相反是什麼意思？」

「我想到同一個團隊的菲力絲。她脾氣很好，但技術方面顯然不太靈光。或許人和方面可以拿到90分，但技術方面只有50分，或許60分。」

「給她60分好了，」我說：「那麼她的總分應該是54分，同樣是不及格，但原因和沃爾多先生不一樣。菲力絲確實對於團隊有實質貢獻，但做為一個領導者，她無法贏得團隊成員的尊敬，因為她不瞭解團隊成員的工作內容。」

「這種打分數方法似乎對他們不太公平。」丹妮說。

「或許真的不公平，但這確實是一般人對於潛在領導者打分數的方式。何況，沒有人說這世界一定是公平的，尤其是你希望賺得更多，或更有地位，或更有影響力時。美國人最大的消遣，即是找出領導者的瑕疵。而且，問題解決型領導者更是兩面向都受到矚目──決策內容和過程。」

## 拿高分的策略

「或許你是對的，」丹妮說：「而且，這種觀點足以解決開學日的另一個問題。」

「哪一個問題？」

「老師也是一個問題解決型領導者。我必須好好教課，同時我也擁有若干權威。如果我任一面向失敗，學生即把我兩個面向的得分相乘，降低我的總得分。因此，我也應該用乘法為學生打成績。」

「有道理。」

「這個方法，解決了我極為困惑的一個問題。如果我將兩個項目的成績相乘，而不是相加，我就可以用另一種策略來改進我的教學。」

「你的真正意思是什麼？」

「假設我的教學得分是80分，處理學生問題能力的得分是40分。如果以加法計算我的總成績，任一方面提升10分，效果都相同。在這種情形下，我將選擇提升教學的分數，因為我知道如何能做得更好。如果以乘法計算成績，分數較低的項目增加10分，比分數高的項目增加10分，前者的總分提高更多。」

「說得對，」我附和：「如果分數較低的項目增加10分，總分將由32分提高至40分。我真希望我今天能舉這個例子給那些經理人聽，教他們不必花太多時間提升技術能力。他們的技術能力都已相當不錯，但領導方面有很大的進步空間。」

## 教學與領導可藉由學習習得嗎？

丹妮若有所思，幾分鐘後終於開口：「我認為新老師也有同樣情形。他們經營班級的能力，比教學能力差。但他們都努力提升教學技巧，而不提升經營班級的能力。他們似乎都認為自己的教學技巧有問題。」

「原因是什麼？」

「他們認為帶學生是與生俱來的能力，無法經由學習而獲得進步。他們認為，初生嬰兒就懂得帶學生。如果領導學生還得別人教，你一定有問題。」

「沒錯，那些經理人也有同樣的看法。」我說：「他們似乎認為，人與生俱來就懂得如何主持會議，如何分派工作……。」

「或是打分數，打考績。」

「但事實上這些都不是與生俱來的本事，而是學來的技能。如果你認為這些本事人人都生來必備，而你卻沒有這些能力，你可能認為自己有問題。」

丹妮想了一會兒，說道：「而且，缺乏信心會造成學習障礙。如果某人怕失敗，或許他的恐懼將成真，就像開學日熱烈討論給分方法的學生。」


## 開學日的分數

「我想轉移你的注意力，才扯到這個話題。」我笑著說：「但是你仍然沒有忘記今天是開學日。」

「或許我需要再喝一杯，這個學期看起來不好過。」

「每個學期開學你都這樣說，」我為她斟滿酒：「但結果都沒有你想像的那麼糟。因為，學生在開學這天對於老師特別嚴苛。」

「希望是這樣。」

「我今天洽談的那些經理人也一樣，他們都是新官上任。他們的同儕都在心中質疑：為什麼升官的是他不是我？」

「這聽起來像開學第一天學生的態度。學生對老師進行嚴格考驗，就像我們以前對待代課老師一樣，企圖找出老師的最大弱點。」

「他們這樣做，是想造成師生勢均力敵的態勢。或許，用乘法為老師打分數已經算是小意思了。」

「小意思？」

「沒錯，學生眼中只看見老師分數最低的項目。」

「你的意思是說，學生以老師的最弱點評斷老師？」

「開始的時候確實這樣做，之後會漸漸注意到老師的優點。我洽談的那些新任經理人也遭逢同樣的困局。」

丹妮歎氣：「所以，開學的第一天，我不但有許多瑣事要處理，還得表現出我的優點。但學生們卻只注意我的弱點。難怪我精疲力竭。」

## 可能的解決之道

丹妮的酒杯又空了，她似乎陷入沈思。我再為她斟滿時，她問：「所以，你認為我打分數的方法不對？」

「不，你誤會我的意思了。你打分數的方法並沒有錯，而

是給學生打分數是你的最弱點。這也是學生頻頻詢問你給分方法的原因。」

「如果我的給分方法沒錯，為什麼會是我的最大弱點？」

「因為你覺得這是你的最大弱點。因為你覺得你這方面做得不好，所以學生問你的時候，你會覺得很厭煩。他們問你課程計劃和教科書等問題的時候，你並不覺得厭煩。打分數的方法並不是你的弱點，弱點在於你對於給分方法的感覺。」

丹妮笑了：「你說起來容易，但是當著學生的面控制自己的感覺，可不容易。」

「這我能體會！但明知自己的弱點，就應該盡量避免，而不是突顯它。」

「嘿，這我做得到！我可以不和學生討論打分數的事。」

「當然，你可以發給他們每人一張『本課程評分方法』的單子。」

「不能這樣做，你不瞭解學生的心態。但至少當我既累且負擔過重，當學生太過好奇或感到困惑，或是當我們雙方不甚瞭解彼此的時候，我可以完全不討論打分數的方法。」

「當然，因為你受過發號司令的訓練，你總是提醒我，並非別人把問題扔過來，就得全數答覆。」

「不過，延緩討論打分數的方法，學生不會更好奇嗎？」

「不見得。譬如，你可以告訴他們，第二週再詳細討論打分數的方法。同時也讓他們知道，第一週的任何表現都不計分。」

「於是，這給我一週的時間，來降低學生對計分方式的焦慮。」

「並且讓他們知道，你絕不會在分數方面和他們為難。」

丹妮高興地笑了：「這主意我喜歡。至少開學第一天我少了一件麻煩事，而且沒有害處。」

「而且，使打分數不再成為師生雙方共同的焦慮。幾乎沒有任何人喜歡分數，不管是打分數的人或被打分數的人。」

「我以為只有我不喜歡。」

「不只是你，那些經理人也都為打考績的事煩心。真希望他們能聽到我們夫妻倆這番對話。我總是慢半拍，事情過了幾個鐘頭，才想到解決方法。」

丹妮微笑著說：「事實上，親愛的，你不曾想過這個問題，是我經常想這個問題，但是下一次有機會討論這個主題時，你可以採用我的觀點。」

「我拿這個當主題，寫一篇文章如何？」

「當然可以，不過你得讓讀者知道，是誰提供你這些優質觀念。」

「為什麼？你知道我從來不偷竊你的觀念……」

「……除了迫於需要。沒關係。你只要告訴讀者，對於打考績過於焦慮，只會造成更多焦慮。」

「對，新經理人的首要任務是創造舒適的工作氛圍，也就是熟悉新職務，尤其是讓長官和屬下彼此相互信任。」

「如果雙方不能互相信任，你會告訴他們該怎麼做？」

這問題使我楞了一下：「如果雙方互不信任，任何打考績方式都將遭到反對。因此，建立互信是第一步。只要我信任自己，即可接受我可能不被信任的狀況。」

「換句話說，只要你自認打考績的方式合宜，哪一種方式

並不重要。」

「對極了。不論是開新課或就任新職務,都無需改變這套打考績方式。不論到哪裡,都運用這套方法,而且只有你有權變更。」

自我檢核表

1. 上次你的新主管換人是什麼時候?你如何給他打分數?他如何為你打分數?這兩種評分方式之間有何關連?

2. 上次新主管上任時,你首先注意到他哪一點?你花多久時間才信任這位新主管?他的哪一項動作獲得你的信任?哪一項動作減少你的信任?你積極和新主管配合,還是奮力和新主管作對?為什麼?

3. 你曾否對自己的領導潛能進行測試?結果如何?這些結果是大大增加你的潛能,還是限制你的潛能?你如何利用這些結果來增加你的領導潛能?

4. 如果你接受某項領導測驗,你希望試卷上有哪些題目?你如何回答這些題目?(喜歡的話,多回答幾次這道問題。)

5. 做為一位潛在領導者,你的弱點為何?如何改進加強?如何避免彰顯這些弱點?

6. 你對打考績有什麼看法?你喜歡打考績還是被打考績?或是兩樣都不喜歡?你如何打考績或被打考績?

7. 初加入某新團隊時,你採取什麼策略?有新人加入你所屬的團隊時,你如何對待他?

# 21 領導者的考驗
Passing Your Own Leadership Tests

如果你能如此冷靜，

當失去理智的眾人埋怨你的清醒；

如果你能堅信自己，

在所有人懷疑你時容忍懷疑，不加解釋；

如果你能等待，且不厭倦於等待；

或容忍謊言，卻不讓謊言積非成是；

或任由人憎恨，卻不以憎恨回應；

而且，不特意裝扮外表，不刻意高談闊論。

——英國詩人吉卜林（Rudyard Kipling）
〈如果〉（*If*）

吉卜林設定的考驗相當嚴苛，但是領導者實際上面對的考驗更為嚴苛。我希望能寫一首詩，說明成功領導者應有的特質，可惜我沒有吉卜林的才華。我希望能提供精確的資料，但我沒有真正的組織可以做實驗。

以真正的團隊、真實的領導者做實驗，事實上不可能。因此，我必須運用其他方法探索領導者的特質。我可以在工作坊中虛擬真實情境，但大部分時間我不在工作坊。為了有效運用時間，我必須學習生物學家和人類學家的做法：進行相當自然的小測驗，觀察並解讀受測者的反應。我尤其喜歡解讀人們解決問題的方法。

## 最高領導者的考驗

多年前一個日本敬老節，我在東京出席一個軟體工程會議，並參加晚間的敬老宴。我被安排坐在日本電氣公司（Nippon Electric Company, NEC）董事長小林宏治（Koji Kobayashi）旁邊。小林曾寫過數本電腦和控制方面的書籍，都很暢銷。他這年七十五歲，頭腦清楚，一肚子妙故事，確實是個值得敬重的老者。

小林有一個故事可追溯到五十年前：西方電氣公司（Western Electric）寄給日本電氣公司一套設備，其中有一個小盒子貼著「不准開封」的字條。當時小林是個年輕又好奇的工程師，違反了強調服從權威的日本公司體制，大膽打開盒子。結果，他發現裡面只是一個簡單的線路，日本電氣公司自己也能製作，而且不久後就著手製作。

經過半個世紀，小林先生的故事明白顯示：大膽打開盒子
的動作，即是對於領導者特質的考驗，也是他能成為日本電氣
公司董事長、一位真正的問題解決型領導者的原因之一。最高
領導者是創造規範的人，換個角度來說，也是打破舊規範的
人。懦弱的人不會躍居最高領導者，但也不會盲目違反規範。
想成為董事長，你必須具備打開盒子的勇氣，以及忠實服務公
司五十年的毅力。

## 承受考驗的能力

我必須承認，我把小林先生當成測試的對象，如同我測試
許多高階主管。我利用他獲知，成為日本電氣公司董事長必須
具備的特質。他並沒有抗拒我的考驗，因為承受考驗正是高階
領導者的特質之一。如同我們所知，位居要津的人都曾受過眾
多嚴苛考驗。如果他不曾歷經西方電氣公司或晚宴旁座者的測
試，也曾經過同事們的測試。這類考驗從未間斷，而且必須獨
自面對。

擔任工作坊的領導者，我也經歷過同樣的考驗。開課第一
天，學員中必有一人站出來挑戰我的權威。如果我通過第一項
考驗，還會有另一個考驗。如果我沒有通過考驗，將衍生出十
項考驗，並對整個情勢逐漸失控。如果我的測試成績良好，經
過一段時間，學員即停止對我測試，但仍密切注意我對於偶發
狀況的反應。

每個人都喜歡考驗自己的上司。譬如，孩子們經常對於父
母的規定進行測試。未來領導者對於現任領導者的測試更是加

倍。我個人很不喜歡被測試，因此在工作坊中儘可能退居幕後。我帶學員的方式是，營造適當的環境，使學員能充分學習。

我的方法非常簡單。學員想學習領導技巧，我就讓他們主導工作坊。我得花幾天時間才能讓學員接受這個觀念──期間他們不斷對我進行測試，考驗我的真正意圖，但我的努力最終值回票價。數天後，當我已精疲力竭，即有學員接手領導；我則坐著看他們忙得暈頭轉向，並且把所有的錯誤都往我身上推。

## 不速之客

這只是一項理論。事實上，我無法創造全然真實的情境。有時候，學員無法處理突發狀況，或我認為他們沒有能力處理。如果我放手讓他們去做，或許他們能完善處理，但我放心不下，跳出來干預。就在我從幕後轉到台前時，我的領導成績便已不及格了，因為我阻斷學員學習的機會。

最近發生於工作坊的事例可供參考。我們正在上課，教室門突然開了，一個穿三件式西裝的男子走進來，站在教室中央。他的手放在屁股後面，俯視全體學員，彷彿走進一個沒有老師的幼稚園。

「你們在幹什麼？」他開口了：「這裡誰負責？」我正猜想他嘴巴並沒有大開，聲音卻如此宏亮，一時忘了答覆。他再問一次：「這裡由誰負責？我不能讓你們妨礙我開會。」他指著隔壁房間：「我希望你們安靜下來。」

　　想要使人安靜下來的方法有很多，但這位穿著三件式西裝的男人所使用的方法卻使本教室更加喧鬧。有些人認為，阻止喧鬧的最好方法就是充耳不聞。或許學員們都相信這種說法，因為那人繼續咆哮，學員卻繼續討論。依我個人的看法：兩邊使用的方法都不對，都不如「拒之於門外」的方法有效，也就是眼不見為淨。

　　不幸地，我也無法確知應該運用哪一種方法，將我的理論付諸實踐。我透過老花眼鏡瞪著他，伸出指頭指向門。但他似乎沒有注意到我，更別說是我的手指頭。

　　於是我試著以平和的口氣，雖然我知道自己的聲音有點激昂，但還是盡量保持禮貌地說：「我們正在上課。如果你能讓我們繼續，我們將很感激。」

　　他並沒有離開，反而瞪著我說：「你就是負責人？」

　　我是工作坊的負責人，但很難回答他的問題。如果我告訴他這裡沒有人負責，這位三件式西裝仁兄一定不相信，所以我也不用浪費唇舌。於是我拉高分貝：「這是我們的教室，而且你不屬於這裡。如果你現在離開，我們會很感激你。請你馬上走！就是現在！」

　　這招也沒效。突然我警覺，我的領導技巧研習營學員正在測試我的領導能力，而且我的表現不太好。於是我試著使用戲劇化的肢體語言。我站起來走向他，一步步逼他退向門口。他被逼退幾步，發現自己正退向門口，於是大吼：「不要推我！」事實上我並沒有推他，但他認為我在推他。接著，我發現他的雙手抵著我的胸膛。

　　或許我記錯了，是我的雙手抵著他的胸膛。雖然我的領導

測試徹底失敗，但我的角力成績拿到滿分（我身高188公分，他大約不超過170公分）。轉眼他就被推出門外，然後傳來一陣咒罵聲，漸行漸遠，終於消失。

## 阿諾的處理方式

在工作坊中，任何事件都能成為討論的題材，尤其是勇敢領導者和神祕闖入者的角力。學員中只有兩個人質疑我的方法錯誤：其中之一是阿諾，身高198公分，體重136公斤；另一位是雷蒙，身高162公分，鞋底加鉛條的體重只有54公斤。

進行討論的時候，阿諾要求我們注意隔壁房間傳來的喧鬧。「這些聲音不會煩擾我，」他說：「卻使我知道，我可以用另一個角度來看問題。不速之客認為我們造成問題，但任何一個群體都難免製造喧鬧。依我的觀點，問題的癥結在於他的好戰個性。只有他認為我們妨礙他開會之時，才會成為問題。」

「阿諾，你的重點是什麼？」我仍然認為我的處理方式相當正確：「我試著和他講道理，但他聽不進去。」

「看看這面牆。如果牆壁厚一點，彼此都不會被打擾。他根本不會知道我們在這裡上課，你也不必趕他出去。」

這種牆是飯店用來做為彈性隔間的活動牆壁，為了拆裝方便，只好犧牲隔音效果。也就是說，飯店為了解決自身的問題，卻為我們帶來問題。如果牆壁厚實，就不需要強勢領導者出面。

「阿諾，我同意你的看法。但這看法不實用，我們不可能要求飯店換隔牆。」

「當然不可能。不過，如果我們確認隔牆是問題癥結，我們可以採取其他措施，譬如換一家飯店上課；或選擇沒人開會的時候上課，以免彼此打擾；或事先告知隔鄰我們有時聲音會比較大些。預先告知的喧鬧，衝擊會比較小。」

「阿諾，我不能明白，為什麼你可以如此理性？我一直認為，在眾多學員中，你應該最贊同我使用武力驅逐。哈，你用一隻手就可以把他推出門外。」

「重點正在此。有時候，小個子的人向我挑釁。因為我的體格對他們構成威脅，他們想試一試。頭幾次我真的和他們打起來，結果對方災情慘重。」

「所以呢？你何必在乎？那是他們自找的。」

「或許他們是自找的。但是把他們打傷，我也不好受。我很高興我的身體強壯，但用強壯的身體打傷人卻使我覺得丟臉。那樣的話，身體強壯有什麼光榮可言？」

我覺得有點慚愧，立刻轉換話題：「好吧，假設你沒有做好任何預防措施，而且遇到今天這種情形，突然有人闖進你主持的課堂咆哮，你如何處理？」

「噢，我會把他推出門，而且用的時間比你少一點，方式比你更暴力一點！然後我會懊悔自己讓情勢發展到那個地步。」

「所以，這就是你堅持選擇預防措施的原因？」

「沒錯，因為我不能把兩方對峙的局面處理得很好。」

## 雷蒙的處理方式

稍後，我們進行解決問題的方案討論，課堂相當安靜。這

時候，隔鄰開始播放電影，聲音相當大。我生氣了，決定親自去解決這件事，但是雷蒙示意我不要躁動。他走出房間，幾分鐘後，電影的聲音轉弱，幾乎聽不見。雷蒙回來，我問他怎麼做到的。

「小事一樁，我只是要求他們將聲音轉小一點。」

「他們不反對？」

「倒也不盡然。他們不知道我們受到騷擾。後來他們明白了，很樂意將音量轉小。」

阿諾的大眼睛盯著雷蒙說：「你真了不起！如果是我去，難免發生一場戰鬥。」

「這就是你和我的不同點。我在貧民區長大，而且我個子小，不適合打架，跑得又不快。多年來，我學會如何讓每個人保持冷靜。」

兩種不同處理方式，彰顯領導者偏重動機誘因或組織運作。雷蒙的處理方式，以動機為基礎，我稱為親和法。阿諾的處理方式，以組織為基礎，我稱為計劃法。當然，這中間有許多變化的形式。最重要的是，你必須瞭解自己的長處，不可生硬抄襲他人的解決方式。沒有任何一本教科書能明確告訴你，處理不速之客的最佳方法為何，只能說：「採用適合你的最佳解決方式，而且做了不會後悔。」

## 正確的處理方式

避開自己弱點的解決方式仍然不夠，原因是下列的自相矛盾之論：避開自己弱點的最佳方式，即是增強它。假設阿諾和

雷蒙開班授課，為了避免衝突場面，阿諾會事先和飯店進行協調。協調必須面對面溝通。如果阿諾無法經由面對面溝通說服飯店人員，最後他將陷入面對面的衝突。

另一方面，面對一個學員自行組成的班級，雷蒙的表現將相當好。但實務上，幾乎沒有訓練課程是學員自行組織成班，因此雷蒙必須謹慎規劃，以免陷入課堂由他人主導的狀況——雷蒙並不善於處理這種狀況。為了獲得主導權，雷蒙必須事先進行規劃。

一般而言，技術人員較擅長規劃，而親和力較差。他們常抱怨說，他們知道該怎麼做，但沒有人聽他的。這就是為什麼程式設計師和電腦相處得很愉快，因為他們不需對電腦使用親和力。

較高階的主管也需要企劃能力，因此電腦程式設計師如果有相當親和力，通過中階主管的考驗，也能成為最高階主管。不過，他們大都出師未捷身先死。

## 運用及濫用考驗

真正的考驗一點也不好玩，而且相當危險。人事部門可以運用測試，瞭解每個員工的特性，以安排適任的職務。經理可以運用測試，將自己的錯誤推諉給員工。屬下則以測試為煙幕，以掩蓋自己想晉升的意圖。如果能免除被測試，我會相當愉快，但我不想放棄我的工作坊。

如果你確實無法承受考驗，最好別當主管。如果你希望成為領導者，你可以善用被測試的機會以增強優勢。接受測試給

予你發展的機會，讓你知道各種有效的解決問題方式。經過長久的努力，或許你處理事情的方式會改變。唯一的方法是將自己置入真實情境，依據當前的狀況處理問題，如同我在工作坊中的方式。成為經理之後，你的屬下將對你進行徹底的考驗，除非你懲罰他們對你進行考驗。

在你未晉升至某階層之前，該如何對自己進行該階層的測試？如果你不喜歡考驗，你即不會對屬下或同事進行測試。同樣的道理，你的上司或許也不會逼你太甚。他們希望你成功，他們也因而成功。他們將盡量提供你能成功的氛圍，而不是你必須艱苦奮鬥的情勢。遇到這種仁厚的上司，你幾乎沒有機會強化自己的弱點。

你可以自由選擇仁厚的情境，以避免自己的弱點接受考驗。這樣做你將比較舒服，但你可能無法攀越另一個高峰。

你如何知道自己是否已準備好攀越另一個山頭？不妨問自己，最近無法通過哪些考驗。如果我在單一工作坊不及格次數少於五次，我就開始擔心。因為每次都及格，表示考驗太輕鬆。如果沒有不速之客闖入，而且我處理的不好，是否表示我的個性已臻圓融？或許吧。不過也可能是他人時時保護我，阻礙我的成長。或許那個他人就是我自己。

我能通過自己的領導者考驗嗎？希望不會。

1. 你較適應計劃性或自發性的氛圍？最近你曾否建構能發揮你優勢的情境？

2. 想想看，近來是否遭遇不順遂的情況，你必須著手進行處理？你從其中學到什麼？下次遭遇類似狀況，你將怎麼做？

3. 工作的時候，你曾否誤闖不該接觸的機密檔案，或誤觸不該碰的機器？處理這些情況的過程，是否使你更瞭解自己？

4. 如果你預先知道你將接受某項考驗，你的情緒反應如何？譬如，你知道將參加駕駛執照考試，或應徵新職務面談。如果你突然發現自己將接受考驗，你的情緒反應又是如何？兩者有何不同？是否有可以相互借鏡之處？

5. 你的工作環境是否有持續發生的衝突？你能否想出三種改變組織的方式，以避免這些衝突？或是三種改變人際關係的方式？哪一種型態適合你發揮長處？哪一種型態你運作起來較順手？

6. 考驗他人的感覺如何？被你考驗的人感覺如何？如果你不知道被你考驗的人的感覺，原因為何？

# 22 個人轉型計劃
## A Personal Plan for Change

我小心翼翼，避免學校妨礙我受教育。

——馬克・吐温（Mark Twain）

致友人書

人們從何處學得創新能力？晉升為忙碌的主管之後，如何持續學習？能否自學校學得這些能力？或從困境中學得這些能力？

即便是最傑出的課程，也無法涵蓋你工作的全部內容（content），更別說新技能了。此外，為了成為一個問題解決型領導者，你必須精熟「程序」（process）這項技能。因此，你如何同時解決技術問題和領導問題？看起來這似乎是人類不可能達臻的境界；但是，如果你能將整個學習內容分割成一系列小學習，注意學習的效率，注意你在學習中的情緒反應，即可能達臻此一境界。

## 一項實驗

你是否希望成就某事？擔心你不能成功？不知道如何著手進行？

你現在就可以進行下列實驗，使你能以正確方式開始動手做：

步驟1：把本書整個架立起來，使你不必用手拿就可以繼續閱讀。

步驟2：兩手互握，十指交纏。

步驟3：注意哪一隻手的拇指在上端。

步驟4：放開手，再次互握，讓另一隻手的拇指在上。注意這時候你的拇指有何感覺。

步驟5：以新的十指交纏方式，讀完本章。

## 轉型的情緒狀態

　　做這項實驗時，你的感覺如何？如果你像多數人一樣，你會覺得改變十指交纏的習慣相當奇怪。值得一提的是，你更加注意自己的手。嘗試新事物能提升注意力，雖然不習慣但很新鮮。

　　多數讀者無法以新的十指交纏方式讀完本章。過不了多久，他們不再注意自己的手，不知不覺改回舊的十指交纏方式。有一次我在演講時，懸賞1元給能持續以新姿勢交纏十指一小時的聽眾。我有點擔心我將損失120元。結果，一百二十位聽眾中，只有一位拿到賞金。領獎的時候他告訴我，這是他這輩子賺得最辛苦的一塊錢。

　　為什麼嘗試新事物如此困難？有時是因為財務風險，譬如我的120元。有時是因為身體方面的風險，譬如跳傘時降落傘沒打開。有時是因為怕丟臉的風險，譬如打電動輸給八歲的女兒。即便能去除財務和身體的風險，仍然存在核心困難。仔細想一想，換個十指交纏的方式究竟有何困難？

　　我認為困難完全是心理上的，與新事物本身並沒有關係。我們腦中的硬碟排斥新的行為方式。大多數新事物都具有危險性，因此我們嘗試新事物時，我們的腦袋試著運用下列方式保護我們：

1. 使我們進入警戒狀態，密切注意周遭所有的事物，不僅止於新行為。
2. 趁我們精神鬆散時，驅使我們回復舊的行為模式。

　　處於特別警戒狀態可令人興奮，也令人耗盡心神。到新地方去旅行，可以讓我的感官享受全新的世界。我喜歡這感覺。但有時周遭的新事物讓我目眩神迷，我寧願回到安全又熟悉的旅館房間。我企圖創造工作上的新成就時，也有相同的感覺。

　　旅行的經驗愈多，我愈能不費力地面對新事物，彷彿我已習慣於面對不熟悉的事物。個人達臻成就的情況也相類似。累積諸多小成就，當追求大成就時，就不會有不熟悉的壓迫感。有時候，我就在心裡頭練習這個過程。

## 個人成就計劃

　　我和比爾‧赫康（Bill Holcombe）共同設計了下列練習，以顯示人們對於達成個人成就的反應：

> 步驟1：設定個人欲達成的目標。這個目標必須安全、新穎，而且能由你獨立完成。這項目標必須能在短期內達成，你才能評量自己的成績。
>
> 步驟2：開始行動的第一天，設定達成目標的底線，而後每天記錄達成的情形。
>
> 步驟3：於預定期限的最後一天，準備公佈成果，並與他人討論心得。

　　下列心得非常典型，並能讓你瞭解這個練習的威力：

　　**羅素**：「我的目標是在網球上平衡雞尾酒棒。從這個練習中，我觀察到網球的球面每天發生變化。或許是因為大家經常

扔來扔去，如果不是做這個練習，我永遠也不會察覺網球的變化。於是，我開始注意到人也是每天變化，每天都需要新的平衡方式。」

溫拿：「我用同樣的網球來平衡尺。或許因為這份差事太容易，或許因為羅素也在練習平衡，於是我在第二天改變目標內容。我學到的第一件事是：如果先前設定的目標無法達成我的目的，我可以改變目標。我的新目標是每天記錄三件與人互動的內容。我完成了！這件事相當簡單，同時也相當困難。」

雷尼：「我玩高爾夫電動玩具。我從來沒有玩過電動，所以我不太知道自己在做什麼。我甚至不明白要怎麼操作這台機器，使我獲得高分。我的心得是，我沒有設定明確的目標，因此我沒有進行實驗，而且我也沒有學會打高爾夫電動。如果沒有設定目標，不可能學得任何事。」

厄爾：「我的目標是拿三樣不同的東西變戲法：一捲膠帶、一枝馬克筆、一顆骰子。我以前玩過變戲法，而且玩得不錯。但是拿三樣形狀不同、大小各異的東西變戲法，就好像管理三個個性不同的人，正如同我現在的工作，但我無法將工作上的情景轉換到這件事上。」

「進行到第三天，我達成七十秒的紀錄。傑瑞看著我玩，問我：『你都是從相同的位置開始變戲法嗎？』我從來沒有想過這個問題，事實上我正在練習兩種不一樣的戲法排序。就在我統一開始的次序之後，五分鐘之內，我的成績進步到二十八秒！我的心得是：應付三位個性迥然不同的人，你如果能知道

處理的順序，就容易多了。也就是說，我把三個人的問題各自分開，逐一處理。」

譚亞：「我派給自己玩PacMac電動遊戲的差事。我本來就是個電動迷，希望在這種新情境中玩電動，技術能進步。玩遊戲的時候，我發現自己太過緊張，於是提醒自己冷靜下來，但過不了多久，又陷入緊張的狀況。我需要有人隨時提醒我——把我拉出過於投入的狀況。」

席爾：「我的差事是練習投籃，但我不太喜歡這件差事。我常常不練習，然後告訴自己，明天將補回今天的練習量。我就是這樣，常透過執著於某一事物來懲罰自己。結果一天拖過一天，我始終沒有去碰籃球。我的心得是，我不必去做蠢事，而且不會招致任何惡果。」

珮琪：「我的目標是，不用手錶，準確計算五分鐘有多長。我很容易分心。我的心得是，我總是一心二用，無法專注。」

德瑞克：「我的目標是，眾人討論的時候，我最後一個發言。我的心得是，這目標不難達成，而且人們比較注意最後發言者的意見。」


## 這樣的練習有用嗎？

個人成就計劃練習的目的，不僅是在網球上平衡雞尾酒棒，而是學習如何成事。擬定某項成就計劃，你即可發覺自己對變局的態度。

你將發覺，當你想學習某件新事物時，自身會有一種抗拒的本能。如果你懷疑在網球上平衡雞尾酒棒有什麼實效，或許就是出自於抗拒變遷以保護自己的心態。沒有人說這項成就計劃毫無用處，溫拿不是從其中體會人際關係技巧嗎？

「但是，」你仍然質疑：「這些只是小成就。如果我想成為大人物，必須成大事。」這套論證猶如某飛機乘客說：「一個引擎失效，延遲一個小時；四個引擎失效，延遲四個小時。」

事實上，瞭解飛機的工程師可以大膽預言，四個引擎失效的結果是墜機。同樣地，瞭解變遷本質的人可以預言，累積處理許多小變遷的經驗，可以在關鍵時刻助你達成大成就。瞭解自己並瞭解自己面對變遷的反應，將使你有勇氣面對轉折點，在關鍵時刻鯉躍龍門。

## 計劃的要素

譬如，你決定再度回到學校進修。雖然馬克・吐溫和我對於學校教育有意見，但校園仍然是相當有效的學習環境。選修大學課程固然很好，但你已一大把年紀，能否適應學生的角色。這種認知將使你選課更加審慎，因為目前許多大學設有專為成人開設的在職進修課程。

儘管大學當局向你建議一套標準課程，你仍然應該根據自己的工作經驗和學習方式，選擇適合自己的課程。許多管理課程只是理論性的，如果你沒有主管經驗，對你來說可能完全沒意義。儘管有些人認為理論有助於實務操作，我則認為經驗使

理論具有意義。無論如何，根據你自己的需求選課。

　　並非每個人都需要接受正規大學課程，但有些人的確需要正式課程才能得到激勵。有時候，則是你的上司需要正式課程的激勵。或許你服務的公司不允許你在上班時間看書，卻鼓勵你利用下班時間去大學在職班進修，而且幫你付學費。是否參加進修課程，你必須先瞭解你自己，也必須瞭解公司的政策。

　　如果你瞭解自己的學習方式和公司的政策，不一定要參加大學進修部的課程。許多企業甚至自行開課，聘請公司內的職員或公司外的顧問前來授課。此外，還有眾多非營利組織或營利組織舉辦的研討會。選課的重點在於瞭解公司的政策，並善加利用。

　　你周遭有千萬個學習機會，但若缺乏完善的計劃，你將無法掌握這些機會。使用腦力激盪法建構你的計劃，並運用下列方式，使你的學習計劃更加周延：

多參加討論會。

運用討論會的錄音帶。

在訓練課程進行時錄影。

團體一起觀看影帶。

觀看完後花更多時間進行討論。

組織一個不看錄影帶的討論小組。

發起每週一次的午餐討論聚會。

選看一本書，眾人以自身的職業觀點進行討論。

教一門課。

　　當你已絞盡腦汁時，請他人幫忙。譬如，閱讀葛羅斯

（Ronald Gross）的《*The Lifelong Learner*》這本書，借用書中的觀念。

不論是你自己腦力激盪的結果，或借用他人的觀念，你的轉型計劃必須立基於對自己的瞭解。自己的事情自己做，何不現在就動手擬定第一個個人計劃？你的第一步應該是：對於自己的學習負起責任。

順便一提，你現在十指交纏的方式為何？

## 自我檢核表

1. 選一項小技術，今天練習三次，每次十五分鐘。將你的反應和心得寫在日記裡。
2. 選一項較複雜的技術，未來一週練習五次，每次三十分鐘。將你的反應和心得寫在日記裡。
3. 再選一項更艱難的技術，未來一個月內，每週練習三小時。一個月後，檢視你的日記，決定下一步該做什麼？
4. 你的同事對個人私事企圖轉變時，你是否阻擾他？譬如，嘲笑他失敗，或嘲笑他選擇改變的事物？你這些動作讓你對自己有何瞭解？
5. 你這輩子花多少小時接受正規教育？這些課程和你的技術能力有多少直接關係？這些課程和你與人共事的能力有多少直接關係？
6. 你這輩子接受過多少小時非正式教育？其中技術能力佔多少？人際關係佔多少？兩者的比重是否恰當？是否符合你的職場發展規劃？
7. 你能否舉出三位同事，能給予你技術能力方面的指導？如

果你想不出來，你為什麼還在這家公司上班？如果你有三位老師，你如何善用這項資源？

8. 這一年來，你參加過哪些課程？這些課程對於你的技術能力和領導能力有何助益？你從這些課程中是否能學得更多？

9. 未來一年，你計畫參加哪些課程？你應該做哪些事前準備，以獲益更多？

10. 近三個月，你讀了哪幾本書？每本書對你各有何助益？你應該怎麼做，才能讓未來三個月所讀的書，提供你更多進步？

11. 列一張表，寫出過去一年來增強你技術能力和領導能力的活動。來年這張表能否擴增為三倍？你還猶豫什麼？

# 23 逃避時間陷阱

Finding Time to Change

坐在一個漂亮女生旁邊兩小時，你覺得只有一分鐘。坐在熱火爐上一分鐘，你覺得長達兩小時。這就是相對論。

——亞伯特・愛因斯坦（Albert Einstein）

有一次，幾個客戶要求我舉出實例證明我的理論，我覺得時間過得比坐在熱火爐上還慢。當時，我和客戶們一起吃午餐，一面解說我的個人轉型計劃。克萊頓突然說：「我為了保住目前的位子已經忙得焦頭爛額，哪來的時間進行轉變？」

克萊頓的話差點把我們的討論內容移轉到時間管理的議題。這方面我可是愛因斯坦的得意弟子：擅長說理，拙於實踐。

我希望午餐氣氛愉快，於是說：「克萊頓，你無需找時間，你必須創造時間。你想做的事，你就會創造出時間來做。如果你找不到時間，或許是你心裡不想做這件事，或許你應該另找方法避免做這件事。」

我想這番話必能威嚇他們，不再談論這個問題，但是馬娜妮卻開口了：「你的看法很好，但有點籠統。你認為應該用什麼方法創造時間？」

「是有一、兩個方法，」我撒謊，邊嚼著紅蘿蔔條：「但現在我們沒有時間討論這個議題。」

「當然有時間——如果你想談的話。」馬娜妮說：「而且，我們只剩下幾個小時的上課時間，我們必須充分利用時間。」

我藉口說我的時間有限，因為我要趕搭去瑞士的飛機，希望能避開這個話題。美國人對瑞士非常感興趣，任何關於瑞士的談話都能扭轉話題。於是我試著向他們描繪一個理想國：美麗、有效率、乾淨、友善、治安良好。我說，瑞士這個國家非常有效率，以致你以為每個瑞士人都能同時做兩件事。而且，每個瑞士人都能給予陌生人禮貌周到的協助。我認為這番話必

然能轉移克萊頓和馬娜妮的注意力，結果無效。

「他們是如何辦到的？」克萊頓問：「聽你這麼說，我必然可以運用瑞士人的方法學習時間管理。」

## 專注於目標

望著克萊頓撕咬朝鮮薊，我開始領略科學怪人（Dr. Frankenstein）的感受。克萊頓是個反應靈敏的學員，但他現在變成一隻怪獸，我必須填飽他的胃，於是我說：「多數人談及自己經歷過的事，都難免長篇大論。」希望他厭煩長篇大論，不再追問。

「告訴我們一個關於瑞士的故事。」克萊頓吞下口中的朝鮮薊。於是我開始講一個我最喜歡的故事：

有一次，奧地利王子前往瑞士某小盟邦訪問，受邀閱兵。王子想知道軍隊的士氣，問一名滿臉落腮鬍的士兵：「你們的軍隊有多少人？」

「共有五千人。」士兵驕傲地回答。

「嗯，數目不少。但是，如果我發動一萬名士兵侵入你們邊界，你們怎麼辦？」

這士兵毫不猶豫地回答：「這樣的話，長官，我們每個人得射擊兩發子彈。」

「我明白了。」克萊頓說：「這是個關於時間管理的比喻。瑞士人的祕訣即是，每顆子彈都擊中目標。或是如同吉卜林所說：『為無情流逝的每一分鐘都賦予六十秒所應有的價

值。』如果能像瑞士人一樣有效率，就能即時做完每一件事。但是，如何才能做事有效率？」

這個題目我不專精，所以我讓其他同桌的人，貢獻逃避時間陷阱的最佳方法：

**分派予別人的工作，自己無需重複做**。重複做事的結果是，一樁事花好幾倍時間完成：首先，你花時間向他人解釋工作性質；然後，你花時間撫平他被收回工作的創傷（事實上無效）；然後，你花時間彌補他造成的損失；然後，你花時間自己把工作做完。「以前我一發現屬下發生錯誤——即便不確定是錯誤——立即假借指導之名，把工作收回來自己做。」馬歌說：「最後我終於學會讓屬下犯錯誤。這樣做固然得付出代價，但就長期而言，能增加效率。」

**避免以雕蟲小技證明自己技術高超**。「隨著你的職位逐步晉升，」德克說：「某些東西你必須放手。爭論小技術細節，只是顯示你堅持不放手。」他解釋說：「我若是真的技術高超，無需長篇大論，就能輕易且快速地使我的屬下信服。」

**做事分輕重緩急，莫等要事臨頭才進行調整**。琳達認為：「如果我臨時被指派擔任某團隊領導者，我不但必須組織眾人，更糟的是，還必須調整我自己。我對這種狀況毫無經驗。如果有危機事件發生，危機事件即主導我的行為，我無需進行規劃。有時候，我倒希望發生危機，因為這節骨眼我顯得秩序井然。我認為領導者真正的考驗為，沒事做的時候在做什麼？」

## 同時做兩件事

　　同桌的每一個人都各自發表見地，我偷得空閒品嚐我的朝鮮薊。但是克萊頓不放過我：「再講一個和瑞士有關的故事吧。」克萊頓是我一手教出來的，他知道我的弱點。

　　「好。」我說：「但這是最後一個。這故事和瑞士的誕生有關。」

　　上帝創造萬事萬物和人類，接著為每一個地球上的人創造國家。上帝詢問第一個瑞士人，他希望自己的國家長什麼樣子。瑞士人回答，任何形式都可以。上帝堅持他說出自己的喜愛，於是瑞士人說：「如果您堅持的話，我希望有幾座山，山巔覆蓋白雪，山坡上綠草如茵，山谷裡有清澈的湖泊，藍天如洗，白雲如絮。」

　　上帝立刻實現他的夢想，然後問瑞士人，是否還有其他願望。一陣謙讓後，瑞士人說：「我希望有一間木造房屋、石板屋頂，如果可能的話，山坡上有幾隻吃草的乳牛。」

　　上帝也立即實現他的夢想，然後問瑞士人是否還有其他期望。瑞士人回答：「沒有了！您太慷慨了，我不能要求更多。但是，您賜給我如此豐盛的禮物，我該怎麼回報您呢？」

　　「好的。事實上，」上帝說：「創造這麼多事物，我覺得有點口渴。如果你能給我一杯新鮮牛奶，我會很高興。」

　　「這是我的榮幸。」瑞士人立即跑去擠了一杯香濃新鮮的瑞士牛奶給上帝。上帝一口飲盡。

　　於是上帝又對瑞士人說：「你必然還有其他的願望。世界上其他的人都向我要求永遠用不完的財富。你究竟希望得到什麼？」

瑞士人沉吟，然後說：「沒錯，確實還有一樁小事。」

「說出來，我將使你美夢成真。」

「好吧，如果您不介意的話，能否付我一法朗牛奶錢？」

「真厲害，」克萊頓說：「瑞士人不僅有效率，而且超級有效率。他們不要求財富，卻要求能持續創造財富的工具。即便上帝停止創造或不喝牛奶，他們仍然可以繼續賺錢。」

「你說得對，克萊頓，」我說：「成功的問題解決型領導者，就像瑞士人一樣，能創造解決問題的氛圍，而不是自己跳出來解決問題。同時，這個氛圍必須對每一個團隊成員有益。」

「你能舉出實際的例子嗎？」

「我讓每個在座的人都有發言機會，這樣我才能有時間用餐。」

於是，眾人爭著發言。

**馬娜妮：**「我密切注意其他團隊的先進技術，以迎頭趕上。這種做法，使我的團隊成員有磨練技術的機會。同時，我得以有機會，聽取技術人員就我們手上的案子交換意見。」

**琳達：**「我也密切觀察，但方式不同。我經常以審閱者成編輯的角色閱讀專業期刊的技術性文獻、資料。這樣做使我得以深入技術內容，並從中累積許多經營管理的知識。同時，我的寫作技巧也有進步。」

**德克：**「我們有多種技術課程的錄影帶，但似乎沒有人喜歡坐在小房間裡看影帶。於是有人借錄影帶時，我主動擔任解

說老師。這樣做不但增進我的溝通能力，以及一對一的應對能力，更能使我深入技術性事務的知識。我比我的學生獲得更多技術層面的瞭解，而且我每週只需花四個鐘頭的時間。」

　　**金斯里：**「我主動擔任外聘講師的聯絡人。也就是說，每一場外聘講師的演講、研討會、課程，我都必須參加。最重要的是，我得以有時間和這些專家相處，請教我感興趣的問題，猶如有一群專業人士充當我的私人家教。事實上，大部分的聯絡工作都由我的祕書處理。」

　　**莫琳：**「我們公司的交通車是我獲知技術訊息的樂園。我每天都和公司的首席程式設計師以及兩位分析師相處兩個小時。我只需不讓他們偏離話題，就能獲益良多。」

　　**凱撒琳：**「我原本無法讀完所有的技術性文章，直到發現另兩名同事也有同樣問題，於是我們三人決定分工合作。我們分頭閱讀資料，並向其他人報告成果。有時候，第一個讀資料的人告知只需讀一半篇幅，有時甚至全篇都不用看。現在，我只花以往三分之一的閱讀資料時間，就能獲得一樣的效果。而且，我和另兩位夥伴的感情愈來愈好。」

## 最便宜的學費

　　「你知道嗎？傑瑞，」用完午餐走出餐廳時，克萊頓對我說：「我希望你不要誤會我的意思。但是我認為這頓午餐的收穫，比正式顧問時間所獲得的還多。」

　　「這我不反對，」我說，企圖掩飾我的狼狽：「這是雙重利用時間的另一個實例。」

　　「你知道嗎？」克萊頓笑著說：「我想到瑞士住幾年，研究瑞士人如何做事情。」

　　「這個想法不錯，但是很花錢。」

　　「你有沒有比較省錢的方法？」

　　「我認為你已經知道方法了。」

　　「我知道？」

　　「當然，你可以不必去瑞士，而向周圍優秀的人學習，就像剛才的午餐聚會，你不是獲益良多嗎？他們替你繳了學費。你只需聆聽，無需花一毛錢。」

　　克萊頓遞給我他午餐時記的筆記。「我知道你正在寫一本關於領導的書。」他說：「或許讀者從我們這些小人物的意見，收穫更多。」既然他鼓勵有加，我就大肆獻寶了。

## 增加時間的方法

- 分派出去的工作，即使屬下已做錯，絕不收回來自己操刀。
- 避免行政事務陷入紊亂。
- 不浪費時間證明自己的能力。
- 不浪費時間討論已浪費的時間。
- 注意沒事做的時候，你在幹什麼。
- 讓一分鐘發揮兩分鐘的效能。做事講求事半功倍。
- 扮演領導者的角色。
- 扮演編輯的角色。
- 志願擔任小老師。

- 擔任演講或訓練課程的聯絡人。
- 善用交通車時間。
- 集合數人分頭閱讀資料。
- 享受豐盛的午餐，但須是有創意的午餐。

最重要的是：

- 聆聽他人的學習心得。

我忍不住再加一項：

- 讓別人展示他有多聰明。

## 自我檢核表

1. 時間壓力對你有何影響？你如何抒解時間壓力？

2. 你做哪一件事的時候，覺得時間過得最快？你做哪一件事的時候，覺得時間過得最慢？這兩件事是否說明事務的性質？也顯示你自己的個性？

3. 舉一個例子，說明你如何在同一時間做兩件事。要求三位同事也舉出同樣的實例。你能否仿效他們所舉的例子？

4. 無事可做的時候你做些什麼？譬如約會在最後一分鐘被取消。

5. 你能否忍受無所事事的時間？你是否有時間審視你的周遭，審視你自己，以找出沒有更多時間的原因？為什麼沒有充裕的時間？如果確實沒有時間，請停止閱讀，開始檢討。

# 24 尋求轉變的助力
## Finding Support for Change

除了「愛」之外，「幫助」是世界上最美的動詞。

——蘇特納（Bertha Von Suttner），1905年諾貝爾和平獎得主

《*Ground Arms*》

領導者的職責是幫助他人。但是成為領導者沒多久，他們開始明白自己才是需要幫助的人。他們需要別人的協助才能看清自己，才能度過犯錯的難關，才能清楚認識其他人，才能面對無法獲得協助的沮喪。獲得幫助的最佳方法為，學習如何被幫助。

從一個單兵作戰的創新者，晉升至有效率的問題解決型領導者，通常背後有一個巨大的網絡給予支持，雖然多數技術領導者不知道該網絡的存在。技術領導者有兩種：一種運氣很好，有一個網絡給予支持；另一種運氣不好，背後沒有提供支持的網絡。如果你不想憑運氣成為一個成功的技術領導者，你就必須設計、創作並維護你的支援網絡。

## 支援網絡

我曾見過許多奇怪的資訊系統，但其中一個絕對是最棒的。我第一次見識這套系統，是與彼得・韋塔屈（Pete Woitach）一起研發某模擬模型。我們和客戶一起作業，彼得畫了一張簡圖，然後建議我們試算幾個例子。

「我們需要一個隨機數字才能開始運算。」客戶說。

「沒問題。」彼得說：「打電話給我的隨機數字網的人。」他查電話簿，撥號，然後將話筒遞給客戶：「你向接電話的人要一個隨機數字。」

幾秒鐘後，客戶猶豫地對著電話筒說：「彼得・韋塔屈先生要一個隨機數字。」幾秒鐘後他掛上電話，敬佩地看著彼得說：「5，他給我5這個數字。」

　　彼得將「5」代入模型，開始計算。我在一旁觀察，注意到這模型遇到偶數就會失敗。由於客戶在現場，我沒多說什麼。我想，彼得和我可以私下將這機器調整好。

　　演算完畢，客戶像參觀糖果工廠的小孩一樣，快樂地離開。於是我問彼得：「你知道嗎？如果隨機數字出現偶數的話，這模型無法運作。」

　　「我當然知道，但我肯定客戶不會發現。」

　　「因為你很幸運，他得到的隨機數字是單數。」

　　「這不是運氣，」彼得說：「打那隻分機，你永遠得到5這個隨機數字。」

　　彼得的「隨機數字網」是由一群統計學專家組成。他們必須滿足客戶的需求，而且不能讓粗製模型承擔隨機數字的風險。每個統計學家都有一個指定號碼，你需要哪個號碼，就打哪一隻分機。

　　彼得是我認識的最傑出的老師，也是個傑出的問題解決型領導者。就像許多成功的領導者一樣，彼得有一個個人支援網絡，「隨機數字網」不過是其中的一小部分。即便多數人不自覺，每個人都有自己的個人支援網絡，以支援自己達成個人目標。如果你想要成長，沒有一個方法勝過發展自己的個人支援網絡。

## 技術支援

　　個人支援網絡的每個部分都各有其功能。彼得的隨機數字網是個相當特殊的技術支援實例，用以滿足彼得的需求。

　　我自己的個人支援網絡包含許多子系統，以提供技術支援。如果我在個人圖書館內找不到所需資料，即打電話向市立圖書館或大學圖書館查詢資料；但我仍然較倚賴散佈世界各地的技術專家。關於人因工程❶（human factor）的問題，我會打電話給班・史奈德曼❷（Ben Shneiderman）、湯姆・拉甫（Tom Love）、席維亞・薛帕（Sylvia Shepard）、木村泉（Izumi Kimura）、比爾・柯提思❸（Bill Curtis），以及亨利・雷加德（Henry Ledgard）。關於軟體設計方面的問題，我會打電話給哈倫・彌爾斯❹（Harlan Mills）、布萊德・寇克斯（Brad Cox）、湯姆・吉伯（Tom Gilb）、肯恩・歐爾（Ken Orr）。關於程式語言的問題，我則請教珍妮・撒彌特（Jean Sammett）或丹尼斯・包傑納（Dines Bjorner）。我也能請教班・史奈德曼及哈倫・彌爾斯，因為這些系統是相互重疊且互有影響的。

　　大多數支援都是雙方互惠的。人們喜歡互蒙其利的關係，如果只有單方受惠，關係必不能持久。

　　我另一部分的技術支援則是來自數百位以前的學員，他們都在大企業裡擔任技術領導者。譬如，如果我想知道銀行目前的資訊處理程序，至少可以請教二十個人。如果我想知道程式

---

❶ 編註：人因工程是一門探討人的能力、限制及其與設計有關之特徵。

❷ 編註：美國馬里蘭大學資訊科學系教授。

❸ 編註：Borland Software Corporation 的流程長，Borland 是協助各公司為其應用軟體的開發與交付最佳化之全球性領導廠商。柯提思也曾在華盛頓大學教授統計學，並且已經發表了150多篇關於軟體開發與管理的論文。

❹ 編註：資深數學家及IBM客座科學家。

設計師對於第四代電腦語言有何觀感,我可以發出數百份電子郵件問卷,或打電話給十位以上的程式設計師。

## 從批評中獲得成長

我固然可以從圖書館獲得支援,但我較常向他人尋求支援。因為人與書本相比較,前者的資訊更為即時,更能掌握重點,而且更容易獲得。個人支援網絡中的他人,能做某些自己無法做的事。譬如,我像多數作者一樣,無法對自己的作品進行批判。我的作品都經由個人支援網絡裡二十個人以上提供意見。相對地,我也給予他們的作品批評和意見。

丹妮對於我作品的批評最為嚴苛。譬如,她讀到前一節我列舉的眾多人名,說:「看起來很像在沾別人的光。」這真是嚴苛的批評,因為她說的一點也沒錯。我因而思索自己的動機,發現我確實以認識這些傑出人物為榮。他們肯與我交往,提升我對自己的評價。而且,我把他們的名字印成白紙黑字,覺得很舒坦。

不論你是不是書本的作者,都需要這種批評性的支持。人情的支持比技術方面的支持更難獲得。對方必須與你相當熟識,你才不會抗拒他的批評。但另一方面,如果對方與你太熟稔,可能無法保持客觀,或不想說傷感情的話。

## 獲得支持以成長

進一步思考,我印出幾位名人的名字,不只是滿足我的虛

榮心而已。我希望每一個讀者瞭解，尋求支持不是軟弱而是堅強。我認識的每一個頂尖技術人員，都有廣泛而堅強的個人支援網絡。卑弱的技術人員害怕承認他們需要支持，所以他們持續卑弱。

我的技術支援網絡不像彼得的隨機數字網，而是真正堅強且隨機的。我打電話請教一個問題時，常獲得更多其他知識。那些問什麼就答什麼，不牽扯其他議題的顧問，我似乎逐漸疏遠。我喜歡成長，而成長需要冒險探求未知的領域。我建構個人支援網絡時，以成長為首要目標。

多年前，我在IBM獲得重要升遷後，我的新上司請我吃午飯。我忘記我們吃了什麼，但我記得他希望我不要和同事太親近。他說，我正在「往上爬」，有朝一日這些同事將成為我的屬下。如果大家成為好朋友，日後成為上司的我將不得不做出傷感情的事。當時我暗自下定決心，如果這樣做才能升官，我寧願不擢昇。

但是他有一件事說對了：如果你想改變，不論變好或變壞，你的朋友必然會阻止你。如果你有每週投資200美元賭馬的習慣，你的朋友阻止你，這當然是好事。如果你想換一個工作，這工作的週薪比現職少200美元，卻是你喜歡的工作，而你的朋友阻止你，這究竟是好事還是壞事？

我的個人支援網絡中有些人希望我保持原狀，我稱之為「保守主義者」。有些人希望我轉變，我稱之為「激進主義者」。兩種類型的人各有理由，但不一定與我的理由一樣。至於哪些方面我該進行改變，哪些方面我該維持原樣，完全由我自己判斷決定。有時候，與我意見不同的人會離開我的個人支

援網絡。有時候，當我的轉變進行至某一階段時，原先的激進派會轉型為保守主義者。

在你的支持網絡中，改變鮮少是痛苦的，然而若你意圖從中獲得成長，則隨之而來的痛苦是免不了的。在我的生命中，有好幾次與人締結美妙的關係，正因其美妙且特別，讓我想將這段時光凍結起來，如此它將不受任何改變與影響。然而每一次當我意圖這樣做時，這段關係就毀了。因而結論是：最美妙的經驗就是，在這段關係中，彼此都希望對方能獲得成長，即使會遭遇改變也一樣。

## 獲得支持以痊癒

說到疼痛，使我想起我背部抽筋的毛病。有這個毛病的人，你無需向他解釋什麼叫背痛。沒有這個毛病的人，你也無法向他解釋什麼叫背痛。你沒有流血，沒有咳嗽，沒有冒冷汗，但是你試著動一下，就彷彿人間酷刑。對一般人而言，有背痛毛病的人是裝病。

一般人為鼓勵背痛者，反倒成了保守主義者，無意識延緩了背痛者的康復時間。他們非但沒有給予背痛者熱敷，反而施以社會壓力。背痛的人只好裝做沒事，結果更加痛苦。有背痛毛病的人往往經過長時間酷刑虐待，直到他們找到一群相同症狀的人，聯合起來，要求治癒背疾應有的人道待遇。

我的「背痛俱樂部」包括我的姊姊薛麗（Cheryl）、比爾‧赫康、亨利‧雷加德和丹妮。我們彼此交換醫生、用藥和復健的訊息，但我們交流最多的，則是被誤解時的相互安慰。

我們相互打氣，而且認為：抗拒社會壓力，不理會他人的無理要求，是治癒背痛的最佳方式。我們也相互鼓勵，即便他人冷嘲暗諷，背痛者絕不是沒用的軟腳蝦。

當你背痛的時候，最好和旁人一樣保持頭腦清醒。但是已結婚的背痛患者很難做到這一點。結婚的前十個年頭，我屬於背痛一族，丹妮則屬於另一個陣營。當她第一次背痛發作，抱著枕頭滿床打滾時，我心中真是五味雜陳。我不希望她受苦，卻又希望她加入背痛聯盟。這時我才明白，吸血鬼德古拉（Count Dracula）為什麼蠱惑俊男美女，吸收為吸血鬼一族。

我像眾多美國男人一樣，從小被教導要自己承擔問題，除非問題已到達不可收拾的階段。結果，我累積了十次以上不可收拾的經驗，被送往醫院救治。很有男人氣概——也很蠢。我的個人支援網絡討論出一套預防災難擴大的方案。現在我偶爾會背痛，但十五年來不曾因背痛被送進醫院。

## 情感支持

情緒的問題就像背痛一樣，不會獲得一般人的關注。我和多數人一樣，有時會對自己的工作表現不滿意。我的大男人心態告訴我，自己必須處理小挫折小沮喪。只有遇到嚴重挫敗，心情非常不好時，才需要某人帶我去趣味農場渡假。

雖然沒有人喜歡當別人的情緒垃圾筒，我卻有個助我渡過情緒低潮的個人支援網絡。譬如，即便我的背不痛，比爾或查雷尼或其他朋友，持續給我精神方面的支持。即便我脾氣不好的時候，我的狗仍然愛我。除了我對他們發脾氣的時候，丹妮

和孩子們一直給我精神方面的支持。

丹妮和我以及另幾對夫婦，共同組成相互關心的群體，協助我們渡過婚姻關係的低潮。這個群體由四對夫婦組成，每週聚會一次，適度地緩解雙薪家庭的緊張壓力。

## 心靈的慰藉

即便你身體健康、精神愉快，心靈深處猶可能動盪不安。譬如，自己吃得飽穿得暖，伊索匹亞卻有捱餓受凍的饑民，或哪個角落有哭救無門的受虐兒童。有時候，我想到這個美麗的世界，只要按一個鈕就毀於核子浩劫，心中戚然，需要他人慰藉。這些時候，教友派（Quaker）的聚會給予我極大的安慰，基督的光耀充滿我的內裡。

有些人在數千人聚會的大教堂中得到感動，有些人看著海浪拍打沙岸而心靈平靜，有些人閱讀《聖經》或大哲學家羅素（Bertrand Russell）的著作而感動。不論你心靈方面的慰藉來自於理性思考或宗教，如果沒有這方面的慰藉，其他的個人支援網絡都沒有什麼價值。

## 領導力需要的支援

事實上，大部分人多數時間都過得很自在，無需他人給予身體、精神、心靈方面的支持。我的背不痛的時候，我不會去注意背部肌肉，甚至忘了它的存在。同樣地，當我工作績效良好的時候，我不會去注意提升我績效的各項支援。

　　我們有一個工作坊設計一項實驗，目的在於使學員瞭解，每個人都相當仰賴他人的支持。練習的時候，每個小組將各種字母組合輸入電腦，以獲取高分。由於學員們不知道電腦的給分方式，因此必須嘗試各種字母組合。如果某個小組發現輸入的字母組合得到不錯的分數，該小組即出現保持原狀或冒險再試驗新組合的猶豫。於是，同一小組的激進派和保守派開始爭論。

　　譬如，某小組發現輸入四個Y可以拿到相當高分。這項發現使他們暫時領先其他各組。過沒多久，別的小組發現比四個Y得分更高的組合字母。這時候，四個Y的小組變得非常保守，不肯探索新的字母組合方式，一直輸入四個Y，於是分數被其他小組追上。

　　緊抱持四個Y的策略，最後的成績必然慘敗。參加我們工作坊的學員都明白一個道理：獲得成功即自滿自得的心態不可取。如果某學員執著於某種工作方法，不論他做得多好，其他學員即說：「你又在玩四Y組合的把戲了！」許多人以保守心態在職場平順渡日，但他們永遠不能成為問題解決型領導者。在商場中，停駐原地不動就會被別人超前。

　　問題解決型領導者風格呈現一個詭局：你必須經常變動以維持原狀。尋求個人支援網絡時，人們很容易陷入彼得的隨機數字網。你想要什麼數字，就能得到什麼數字。最可怕的是，人們常不自覺地踏入這陷阱，而且身陷其中而不自知。於是你茫然陷入下列混合型態：堅決地以不變應萬變，或為了改變而改變。

　　多年來，許多學員向我請教轉換工作跑道的問題。多年後他們遇見我，通常都感謝我當時給予他們的建議。最奇怪的

是，我的建議很像彼得的隨機數字網。因為我總是說：「你心裡真正希望怎麼做，就那樣做。」

《聖經》教誨我們：「要別人怎樣對待你，就那樣對待他人。」其實，「你心裡真正希望怎麼做，就那樣做。」雖然是我的建議，有時卻使我驚嚇。這不是保守者的做法，因為保守者將建議你一動不如一靜；這也不是激進者的做法，因為激進者希望你變動。這是第三類型支持者的建議，簡單地說，就是友情的建議。

## 自我檢核表

1. 寫出你個人支援網絡的所有成員名單。你考量是否進行轉型時，哪些人鼓勵你變動？哪些人勸你不要妄動？如果你嘗試進行多方面變動，哪些人將鼓勵你變動？哪些人將勸你不要妄動？兩張名單是否相同？

2. 檢視你的個人支援網絡的成員名單，哪些人你願意維持良好關係，以繼續獲得支援？這份名單在哪個部分顯得不足？必須加以補強？

3. 你的個人支援網絡的成員名單去年有什麼變動？五年來有什麼變動？明年將有何變動？

4. 如果你失業，哪些人可以給予你協助？你希望獲得哪些協助？是否有人可以給予你期望的協助？

5. 如果你獲得別家公司較優越的新職務？哪些人可以給予你建議？你希望獲得哪些建議？是否有人可以給予你期望的建議？

# 跋語
Epilogue

　　我已在位五十年，戰無不勝，國家太平。我的子民愛戴我，敵人畏懼我，盟邦尊敬我。財富與榮耀，權力與快樂，呼之即來。塵世之事，我一無缺憾。在這期間，我努力地經營每一個單純且真誠，屬於我的快樂時光：僅僅十四天。世人啊，塵世中沒有永遠確定的事。

——阿巴德・阿拉翰（Abdel-Raham）
西元912-961

我已就我所知，告訴你如何成為一個問題解決型領導者；但我無法告訴你，你是否喜歡當領導者。並非每一個人都喜歡當領導者，而且有許多領導者漸漸知道自己不喜歡這個角色。同時，在擔任領導者的日子裡，他們已逐漸喪失技巧或態度或想像力，無法返回昔日擔任的職務。他們之前晉升領導者地位之時，應該仔細考慮自己的動機。當然，他們不曾仔細考慮。

我擔任領導者的顧問數十個年頭，仍然覺得他們是一團謎。為什麼這麼聰明的人，甘冒失去快樂的風險，爭取領導他人的快樂？更何況，領導眾人是不是快樂還很難說。領導者是否不像他們表面那麼快樂？那麼聰明？經過一千年，滿腔熱血的領導者閱讀阿巴德‧阿拉翰的作品，終於知道他不是說玩笑話。

不肯聽信歷史偉人的話的人，自然不會聽我的話。即便他們將晉升之時，我勸他們仔細考慮，也將枉然。缺乏理性達成的抉擇，無法以理性否決。所以，我們暫不進行理性思考，先來看兩位傑出領導者——羅西和戴夫——的故事。他們幫助我瞭解自己的動機。

## 羅西的堅持

我十七歲的時候在醫院遇見羅西。第一眼見到她，我就知道她為什麼叫羅西（Rosy，薔薇）。當時我動手術清醒過來，麻醉藥效未退，精神恍惚。我很想知道我是否還活著，但聽見一個遙遠、迴音般的聲音：「你醒了嗎？」我不知該怎麼回

答，因為我處於不確定中。

那聲音聽起來像天使，使我陷入無邊的恐懼。她伸出柔嫩的手輕拍我的肩膀。我昏昏欲睡，但我急於想知道真相。她就是天使嗎？我在天堂嗎？

我努力張開眼睛，只見桃紅色頭髮環繞她的臉，宛如一圈光暈。我已經死了，而且她是我的天使。

我滿足地笑了。她也以微笑回報——邊量我的體溫。體溫計的刻度讓我知道我還活著，不過這已不重要了。我戀愛了，而且她將照顧我。

此後十天非常疼痛，但我寧願這種日子永遠持續下去。我希望羅西站在床邊，輕按我的額頭，握著我的手，為我注射嗎啡。

我一天比一天快樂，而且愈來愈愛她。住院第十天，羅西拿著一杯藥水和一顆安眠藥過來。她看著我吞下藥，像平常一樣問我：「你認為你需要一劑止痛針嗎？」

我像往常一樣回答需要。卻見她皺起眉頭：「你真的需要嗎？」

「當然，」我說：「我真的需要！」

「在這種情況下，」她的聲音不再天使：「你最好不要再打止痛針。」

接下來的四天猶如無止盡的噩夢。我哀求、祈求、懇求、命令、哭泣、捶打牆壁，只想要一劑嗎啡。羅西卻遠在天堂之外。

在這四天中，我未夭折的愛轉變成無邊的恨，而且我用千百種方式發洩我的恨意。就在這四天中，羅西戒除了我的嗎啡

癮。離開醫院的時候，我希望永遠不要再見到羅西，而且我真的再也沒有見過她。羅西救了我，我永遠愛她。

羅西除了助我戒除嗎啡癮，還教導我一項原則：

**如果你非常渴望某事物，或許你不應該要它。**

此後我一生中，曾有幾次非常渴望某事物時，有人以羅西當年的態度對我。但我沒有聽他們的話。要不是我當時全身插滿管子躺在病床上，我也不會聽羅西的話。


## 戴夫的乾坤大挪移

「羅西的堅持」有一點小問題，即是它只適用真的不需要某事物的人，或被綁在病床上的人，但對心頭有魔障的人無效。如果你想幫助心魔著身的人，希望他們不受傷害，你必須用另外一種方法：戴夫的乾坤大挪移。這個方法擊敗我想升任經理的心魔，當時我二十三歲。

那時候我在IBM做事。電腦業的市場無限寬廣，我的薪水不到兩年就跳升一倍。我認為我對於電腦已無所不知，想征服新的領域。環顧周遭，我認為IBM裡領先群倫只有一個方法，即是擔任經理人。

在每半年打一次考績的時候，我向我的上司戴夫表達心中的想法。戴夫是區經理，他是IBM一手養成、逐步升遷的經理人。我認為戴夫很酷，擁有權力和財富。我希望能像他一樣，甚至超過他。

「你希望最後能升遷的是哪一個主管位子？」戴夫問。

「萬人之上，天空之下！我希望成為IBM總裁。」

「為什麼？」

我猶豫了一下，為什麼？然後說：「事實上，我不知道為什麼，只知道自己想坐那個位子。而且，我不希望在瑣事上浪費時間。那不是登峰造極的方法，而是死路一條。」

戴夫知道面對一個心頭著魔的人，不可能有插嘴的機會。他耐心聽我說完才開口：「你希望我怎麼做？」

「我希望你幫我找一個主管職務，愈快愈好。」

「我試試看，」他說：「不過，你得幫我做一件事。」

「任何事我都願意做！」

「你寫得一手好文章。我希望你坐下來，寫兩篇東西給我。第一篇文章列舉你希望成為經理人的種種原因。第二篇則是，做為一位主管，你的資產和負債各有哪些。你把這兩篇文章交給我，我們再來討論你的主管職務。」

回想當時，如果戴夫祭出「羅西的堅持」招數，我必然拂袖而去，就像我再也不理會羅西。戴夫瞭解我的技術能力，不希望失去我。但他也能想像，我帶一小群童子軍都成問題，何況帶領IBM員工。戴夫並沒有把我綁在床上。依當時的情況，我有許多地方可去，或許薪水更高。我甚至可以找到笨老闆，讓我如願以償當上主管。

## 列出資產和負債

戴夫的乾坤大挪移效果宏大。我並沒有拂袖而去，而是衝回自己的辦公室開始寫文章。我先寫下想升任主管的理由：受

人尊敬、權力、財富。顯然是個好的開始，於是我繼續編製資產負債表。

我的資產大都是技術方面的：我能迅速釐清複雜的問題。我的文章明白曉暢。我的程式設計功力一級棒。

接著撰寫負債表，於是我陷入長考。我當然知道自己有哪些缺點，但我不希望旁人知道。第一，我太年輕，沒有人會敬重我。第二，雖然我的想法一級棒，但我似乎沒有能力使他人依照我的方式做事。最後，我的家庭生活顯然不能使我專心工作。我和妻子時常吵架，兩個孩子還穿著尿布。

看著白紙黑字的負債表，我知道自己沒有資格晉升主管。如果戴夫看到這張表，我必然升遷無望。或許，我能用高超的寫作技巧掩蓋我的弱點。

於是我重新撰寫，把我的弱點融入升遷理由欄。如下列所示：

1. 我希望擔任主管，因為我希望獲得同事的敬重，否則沒有人會重視一個年輕毛躁的小伙子。
2. 我希望擔任主管，因為我能以主管職權命令他人做事，否則我不知道還有其他方法可以使喚他人。
3. 我希望擔任主管，因為我能獲得更高薪資，以改善我的生活——請褓母，買第二輛車，買一棟房子。

第三項終於打破我的硬腦殼。寫完後我自己唸一遍，唸到第三項時，心裡有一個聲音對我說：「如果你連自己的生活都經營不好，如何能管理他人？」

這個問句驅除我心頭魔障。我再檢視其他資料，發現我沒

有辦法把這兩篇東西交給戴夫，因為那等於是在說：「戴夫，我希望你晉升我為經理，因為我缺乏諸般重要的領導特質。最重要的是，我不知道自己在做些什麼，也不知道那樣做對旁人有什麼影響，而且我無法控制。」

我沒有把那兩篇東西交給戴夫，他也始終沒向我要。戴夫運用他獨門的乾坤大挪移法，給予我的協助比羅西還多。羅西阻止我傷害自己，戴夫則阻止我傷害別人。兩種方法各適用不同的狀況。

## 驅除心魔

我認為，如果不履行道德上的義務，將羅西和戴夫給予我的教誨，傳授給各位讀者，這本書不算完全。羅西教導我們，快樂並非來自於外物，如嗎啡。戴夫教導我們，領導也不是來自於外，如被委派擔任經理。被指派擔任領導者如同施打嗎啡，開始時確能減輕若干痛苦，日久卻使你陷於麻痺無力。

如果你不能站在他人的觀點檢視自己，你無法成為一位成功的領導者──有毒癮者即無法做到這點。對於領導位子心存幻想，可能使你一敗塗地；對於自己心存幻想則是最可怕的毒藥。身為作者，我可以告訴你部分關於領導的幻想；但是只有你能破除對自己的幻想。我頂多能告訴你我自身的若干經驗。

每次我企圖晉升主管職位的時候，立刻警覺自己處於心頭著魔的狀態。我或許在開會時鋒芒畢露，或給予他人若干建議。這樣行為姿態可能是好的，也可能相當糟糕。但我最在意的是，我做這些行為當時的感覺。施打嗎啡的經驗使我瞭解什

麼叫做心魔。

為了避免後悔，我說話做事之前，先騰出小片刻進行自我控制，問自己三個問題：

1. 為什麼我想這樣做？
2. 這樣做能貢獻什麼？
3. 這樣做將導致哪些負債？

這三個問題對我功效宏大，建議各位採納使用。因此，你們有權力問我：為什麼寫這本書？寫這本書能貢獻什麼？導致哪些負債？

這本書的資產和負債得由讀者諸君決定，我只能告訴各位我的寫作動機。我希望這本書可以賺大錢，使我出名，吸引讀者參加我的工作坊，對我的顧問事業有所助益，或是令那些拒絕和我合作的人後悔。這些動機顯然不甚高貴，而且也不是我撰寫本書的真正目的。那麼，為什麼我寫這本書？

我寫這本書是為了感謝羅西和戴夫，以及我的每一位主管。如果我能將他們給予我的快樂薪傳於你們，而且你們將這些快樂傳遞給他人，他們必覺得收穫豐碩。除此之外，其他的寫作動機都不重要。

# 參考書目

　　我曾經讀過數百本討論領導的書籍,但我大部分關於領導的見解,卻不是從書本獲得。書本無法取代與他人實際共事的經驗。既然你現在正在閱讀這本關於領導的書,請你繼續閱讀之前,走出房間與他人接觸。

　　如果你已準備好進一步閱讀其他領導書籍,或許可以看我建議的書。

　　由於討論技術領導者的書相當多,實在很難建議你下一步應該看哪一本書;但下列書目所列舉的書,都是我們工作坊的學員認為相當實用的書。書目裡的每一本書,我都簡要說明內容,使你瞭解其大要。我相信沒有任何一本書將浪費你的時間。

□　**李‧鮑曼,泰倫斯‧迪爾**
**（Bolman, Lee G., and Terrence E. Deal）合著**
《*Modern Approaches to Understanding and Managing Organizations*》
Sanfrancisco: Jossey-Bass, 1984

　　如果你希望涉獵組織方面的知識,就從鮑曼和迪爾的書著

手。他們搜羅了關於組織運作的重要理論模式，並整合各種理論，形成完整的觀點。他們歸納出四種主要組織模式，但沒有一種模式適用於創新功能。

☐ **羅勃‧波頓（Bolton, Robert）**
《*People Skills: How to Assert Yourself, Listen to Others, and Resolve Conflicts*》
Englewood Cliffs, N.J.: Prentice-Hall, 1979.

如果你缺乏人際關係技巧，其他領導特質將失去效能。不論領導技巧多高明的人，都可以從這本實事求是、重視基礎面的書籍獲益。

☐ **那桑尼爾‧布蘭登（Branden, Nathaniel）**
《*The Psychology of self-Esteem*》
New York: Bantam Books, 1971.

《*Honoring the Self*》
Los Angles: J.P. Tarcher, Inc., 1983.

自尊自重是領導的核心。布蘭登是這個主題的暢銷作家。

☐ **戴爾‧卡內基（Carnegie, Dale）**
《卡內基溝通與人際關係》（*How to Win Friends and Influence People*）
New York: Simon and Schuster, 1936.

五十年來，領導的一般原則並沒有改變，或許五百年也不會改變（雖然這本自我修練經典著作因應時代趨勢，曾經修正

改版）。如果你無法忍受卡內基的平凡原則，或許你還沒準備好領導泛泛眾人。

□ **Doyle, Michael, and David Straus.**
《*How to Make Meetings Work*》
Chicago: Playboy Press, 1976.

　　Doyle 和 Straus 推出組織「互動方式」，以籌組及運作各型會議。運用本書清楚描述的方法，我的許多顧客將他們的會議，由頭痛時間轉變成美好時光。（關於較特殊的科技會議，請參考下一本費德曼和溫伯格的著作。）

□ **丹尼爾・費德曼，傑拉爾德・溫伯格**
**（Freedman, Daniel., and Gerald M. Weinberg）合著**
《*Handbook of Walkthroughs, Inspections, and Technical Reviews*》
Boston: Little, Brown, 1982.

　　許多科技會議都以批評方式，檢討現階段進行中的工作。檢討技術成果能促進技術進步，也能導致焦慮和衝突；全賴主持會議的方法。這本書以問答形式鋪陳內容，我們認為是經常參加科技檢討會議的人必備的指導手冊。（其他形式的會議，請參閱 Doyle 和 Straus 的著作。）

□ **唐納德・高斯，傑拉爾德・溫伯格**
**（Gause, Donald C., and Gerald M. Weinberg）合著**
《你想通了嗎？》（*Are you Lights On?: How to Figure Out What the Problem Really Is*）

Boston: Little, Brown, 1982.

如果你不知道下一步應該怎麼走，這本界定問題的平易小書將可幫助你。這本書也教導技術領導者重要的思考方式。

☐ **湯瑪斯・高登（Gordon, Thomas）**
《頂尖領導人》（*Leader Effectiveness Training: The No-Lose Way to Release the Productive Potential of People*）
New York: Wyden Books,1977.

高登是非常暢銷而且有實效的書籍《父母效能訓練》（*Parent Effectiveness Training*）的作者。高登的「絕對不輸」原則，適用於想闖出大人物遊戲的技術領導者。

☐ **羅那多・葛羅斯（Gross, Ronald）**
《*The Lifelong Learner*》
New York: Simon and Schuster, 1979.

對於有心向學的人，這是一本相當重要的手冊；書中有許多觀念、建議和特殊資源，供向學的人運用。

☐ **Hart, Lois Borland**
《*Moving Up! Woman and Leadership*》
New York: AMACOM, 1980.

不論男人或女人，都會認為這是一本相當有意思的書。這本書的特色為，有許多自我評估的表格。

☐ **艾德溫・荷連德（Hollander, Edwin P）**
《*Leadership Dynamics*》
New York: Free Press, 1978.

對於領導理論和實際實驗結果，這是一本相當好的入門書。書中的參考資料相當完整，但所舉的例子並不顯著重要。你可以從觀念部分開始讀，然後參考書中的資料。

☐ **娜塔莎・約瑟華茲（Josefowitz, Natasha）**
《*Path to Power: A Woman's Guide from First Job to Top Executive*》
Reading, Mass.: Addison-Wesley, 1980.

這本書以權力觀點，探討女性的職場生涯。雖然書中內容有許多不屬於領導的範疇，但我認為對於女性領導者而言，這本書比其他書籍有更多資訊。

☐ **尤金・甘迺迪（Kennedy, Eugene）**
《*On Becoming a Counselor*》
New York: Continuum Publishing Co., 1980.

被視為領導者的人，在他人尋求協助時，經常發現自己擔任顧問的角色。本書的主要目的，在於協助不曾受過專業顧問訓練，卻必須擔任顧問角色的人，知道如何做以不傷害他人。

☐ **貝理・奧胥力（Oshry, Barry）**
貝理・奧胥力對於組織中權力制度面的瞭解，可以說無人

能出其右。我們雖然由他的權力與制度實驗室（Power and System Laboratory）獲益良多，但他的終極著作尚未付梓。目前，你可由下列聯絡方式取得他的工作坊和論文的資料：

Power and Systems
P.O. Box 388
Prudential Station
Boston, MA 02199

☐ **Larry Porter, ed.**
《*Reading Book for Human Relations Training*》
Arlington, Va.: NTL Institute, updated annually.

許多我的工作坊學員，希望學會如何與他人互動。我常建議他們參加NTL人際互動實驗室（NTL's Human Interaction Laboratory），這本書即是他們從這個實驗室帶回來的書。NTL的聯絡地址為：

P.O. Box 9155
Rosslyn Station
Arlington, VA 22209

☐ **Progoff, Ira.**
《*At a Journal Workshop*》
New York: Dialogue House Library, 1975.

如果你希望學得更多撰寫工作紀錄的技巧，這是一本相當完備的書。

☐ **保羅‧李普士（Reps, Paul）**
《*Zen flesh, Zen Bones*》
Garden City, N.Y.: Anchor Books.

有些讀者建議，我的書應該以《禪理與技術領導藝術》（*Zen and The Art of Technical Leadership*）命名，但禪學只是其中部分內容。的確，希望擢昇為技術領導者，必須懂得一些禪理。保羅‧李普士或許是第一個在西方推廣禪學的人。基本上，這是一本禪宗公案選輯。

☐ **卡爾‧羅傑斯（Rogers, Carl）**
《*On Personal Power*》
New York: Dell, 1977.

如果你對於領導與權力有興趣，務必先研讀本書再採取實際行動。卡爾‧羅傑斯並撰寫其他多種著作，能幫助你成為一個有效率的領導者，包括下列這兩本：

《成為一個人》（*On Becoming a Person*）Boston: Houghton Mifflin, 1961.

《*A Way of Being*》Boston: Houghton Mifflin, 1980.

☐ **羅素（Russell, Bertrand）**
《幸福之路》（*The Conquest of Happiness*）
New York: Signet Books, 1951.

不快樂的人無法成為領導者。諾貝爾獎得主兼哲學家羅素在本書中探討這個古老的問題：如何快樂，如何成功。

□ **維琴尼亞・薩提爾**（**Satir, Virginia**）

《*Conjoint Family Therapy*》, 3rd ed. Palo Alto, Calif.: Science and Behavior Books, 1983.

《新家庭塑造人》（*The New Peoplemaking*）
Palo Alto, Calif.: Science and Behavior Books, 1972.

《尊重自己》（*Self-Esteem*）
Millbrae, Calif.: Celestial Arts, 1975.

《與人接觸》（*Making Contact*）
Millbrae, Calif.: Celestial Arts, 1976.

《心的面貌》（*Your Many Faces*）
Millbrae, Calif.: Celestial Arts, 1978.

　　很顯然地，維琴尼亞・薩提爾的著作對我有深切的影響。第一次知道薩提爾，是閱讀她的《新家庭塑造人》，這是一本討論如何與他人互動的書。《*Conjoint Family Therapy*》的內容已超越一般教科書。這本書的對象固然是醫生，但就像薩提爾的其他著作一樣，沒有專業藥味。希望對領導者特質有初步認識的人，不妨選讀她的書籍。關於薩提爾的書籍、工作坊、錄影帶等相關資訊，請聯絡：

Avanta Network
139 Forest Avenue
Palo Alto, CA 94301

☐ **Shah, Idries.**

《*The Subtleties of the Inimitable Mulla Nasrudin*》

London: Octagon Press, 1973.

我的領導觀念和教學觀念,許多方面都受到蘇非教義的影響。我認為,任何想要擢昇為主管的人,都必須熟悉蘇非教論。關於這個阿拉伯教派的種種,幾乎都由 Shah 翻譯成英文。這本書是蘇非教派的故事集,但其他相關書籍也可以做為瞭解蘇非教派的入門書。

☐ **傑拉爾德・溫伯格(Weinberg, Gerald M)**

《*Understanding the Professional Programmer*》

Boston: Little, Brown, 1982.

著手做較重要的事之前,最好先瞭解自己的背景,以及目前所處的地位。如果你具有程式設計背景,這一本書對你相當有幫助。作者其他值得一讀的作品為:

《顧問成功的祕密》(*The Secret of Consulting: A Guide to Giving & Getting Advice Successfully*)

New York: Dorset House Publishing, 1985.

編選這篇書目時,我瞭解到自己撰寫關於問題解決型領導者的書籍,已有相當長時間。本書是第一本涵蓋整個主題的書,其他著作的內容則分別討論問題解決型領導者的三個主題。與唐納德・高斯(Don Gause)合撰的《你想通了嗎?》(*Are Your Lights On?*),討論關於瞭解問題癥結的議題。與丹尼爾・費德曼(Daniel Freedman)合著的《*The Handbook of*

*Walkthroughs, Inspections, and Technical Reviews*》討論關於品質控制的主題。這個系列的最後一本書則是《顧問成功的祕密》（*The Secret of Consulting: A Guide to Giving & Getting Advice Successfully*），討論如何管理觀念交流。這本書的副標題即說明了全書的內容。

# 經濟新潮社　　〈經營管理系列〉

| 書　號 | 書　　　　名 | 作　　者 | 定價 |
|---|---|---|---|
| QB1147 | 用數字做決策的思考術：從選擇伴侶到解讀財報，會跑Excel，也要學會用數據分析做更好的決定 | GLOBIS商學院著、鈴木健一執筆 | 450 |
| QB1148 | 向上管理・向下管理：埋頭苦幹沒人理，出人頭地有策略，承上啟下、左右逢源的職場聖典 | 蘿貝塔・勤斯基・瑪圖森 | 380 |
| QB1149 | 企業改造（修訂版）：組織轉型的管理解謎，改革現場的教戰手冊 | 三枝匡 | 550 |
| QB1150 | 自律就是自由：輕鬆取巧純屬謊言，唯有紀律才是王道 | 喬可・威林克 | 380 |
| QB1151 | 高績效教練：有效帶人、激發潛力的教練原理與實務（25週年紀念增訂版） | 約翰・惠特默爵士 | 480 |
| QB1152 | 科技選擇：如何善用新科技提升人類，而不是淘汰人類？ | 費維克・華德瓦、亞歷克斯・沙基佛 | 380 |
| QB1153 | 自駕車革命：改變人類生活、顛覆社會樣貌的科技創新 | 霍德・利普森、梅爾芭・柯曼 | 480 |
| QB1154 | U型理論精要：從「我」到「我們」的系統思考，個人修練、組織轉型的學習之旅 | 奧圖・夏默 | 450 |
| QB1155 | 議題思考：用單純的心面對複雜問題，交出有價值的成果，看穿表象、找到本質的知識生產術 | 安宅和人 | 360 |
| QB1156 | 豐田物語：最強的經營，就是培育出「自己思考、自己行動」的人才 | 野地秩嘉 | 480 |
| QB1157 | 他人的力量：如何尋求受益一生的人際關係 | 亨利・克勞德 | 360 |
| QB1158 | 2062：人工智慧創造的世界 | 托比・沃爾許 | 400 |
| QB1159 | 機率思考的策略論：從消費者的偏好，邁向精準行銷，找出「高勝率」的策略 | 森岡毅、今西聖貴 | 550 |
| QB1160 | 領導者的光與影：學習自我覺察、誠實面對心魔，你能成為更好的領導者 | 洛麗・達絲卡 | 380 |
| QB1161 | 右腦思考：善用直覺、觀察、感受，超越邏輯的高效工作法 | 內田和成 | 360 |
| QB1162 | 圖解智慧工廠：IoT、AI、RPA如何改變製造業 | 松林光男審閱、川上正伸、新堀克美、竹內芳久編著 | 420 |

| 書　號 | 書　　　名 | 作　　者 | 定價 |
|---|---|---|---|
| QB1126 | 【戴明管理經典】**轉危為安**：管理十四要點的實踐 | 愛德華·戴明 | 680 |
| QB1127 | 【戴明管理經典】**新經濟學**：產、官、學一體適用，回歸人性的經營哲學 | 愛德華·戴明 | 450 |
| QB1129 | **系統思考**：克服盲點、面對複雜性、見樹又見林的整體思考 | 唐內拉·梅多斯 | 450 |
| QB1131 | **了解人工智慧的第一本書**：機器人和人工智慧能否取代人類？ | 松尾豐 | 360 |
| QB1132 | **本田宗一郎自傳**：奔馳的夢想，我的夢想 | 本田宗一郎 | 350 |
| QB1133 | **BCG頂尖人才培育術**：外商顧問公司讓人才發揮潛力、持續成長的祕密 | 木村亮示、木山聰 | 360 |
| QB1134 | **馬自達Mazda技術魂**：駕馭的感動，奔馳的祕密 | 宮本喜一 | 380 |
| QB1135 | **僕人的領導思維**：建立關係、堅持理念、與人性關懷的藝術 | 麥克斯·帝普雷 | 300 |
| QB1136 | **建立當責文化**：從思考、行動到成果，激發員工主動改變的領導流程 | 羅傑·康納斯、湯姆·史密斯 | 380 |
| QB1137 | **黑天鵝經營學**：顛覆常識，破解商業世界的異常成功個案 | 井上達彥 | 420 |
| QB1138 | **超好賣的文案銷售術**：洞悉消費心理，業務行銷、社群小編、網路寫手必備的銷售寫作指南 | 安迪·麥斯蘭 | 320 |
| QB1139 | **我懂了！專案管理**（2017年新增訂版） | 約瑟夫·希格尼 | 380 |
| QB1140 | **策略選擇**：掌握解決問題的過程，面對複雜多變的挑戰 | 馬丁·瑞夫斯、納特·漢拿斯、詹美賈亞·辛哈 | 480 |
| QB1141 | **別怕跟老狐狸說話**：簡單說、認真聽，學會和你不喜歡的人打交道 | 堀紘一 | 320 |
| QB1143 | **比賽，從心開始**：如何建立自信、發揮潛力，學習任何技能的經典方法 | 提摩西·高威 | 330 |
| QB1144 | **智慧工廠**：迎戰資訊科技變革，工廠管理的轉型策略 | 清威人 | 420 |
| QB1145 | **你的大腦決定你是誰**：從腦科學、行為經濟學、心理學，了解影響與說服他人的關鍵因素 | 塔莉·沙羅特 | 380 |
| QB1146 | **如何成為有錢人**：富裕人生的心靈智慧 | 和田裕美 | 320 |

# 經濟新潮社　　　　〈經營管理系列〉

| 書　號 | 書　　　名 | 作　　者 | 定價 |
|---|---|---|---|
| QB1101 | 體驗經濟時代（10週年修訂版）：人們正在追尋更多意義，更多感受 | 約瑟夫・派恩、詹姆斯・吉爾摩 | 420 |
| QB1102X | 最極致的服務最賺錢：麗池卡登、寶格麗、迪士尼都知道，服務要有人情味，讓顧客有回家的感覺 | 李奧納多・英格雷利、麥卡・所羅門 | 350 |
| QB1105 | CQ文化智商：全球化的人生、跨文化的職場——在地球村生活與工作的關鍵能力 | 大衛・湯瑪斯、克爾・印可森 | 360 |
| QB1107 | 當責，從停止抱怨開始：克服被害者心態，才能交出成果、達成目標！ | 羅傑・康納斯、湯瑪斯・史密斯、克雷格・希克曼 | 380 |
| QB1108X | 增強你的意志力：教你實現目標、抗拒誘惑的成功心理學 | 羅伊・鮑梅斯特、約翰・堤爾尼 | 380 |
| QB1109 | Big Data大數據的獲利模式：圖解・案例・策略・實戰 | 城田真琴 | 360 |
| QB1110 | 華頓商學院教你活用數字做決策 | 理查・蘭柏特 | 320 |
| QB1111C | V型復甦的經營：只用二年，徹底改造一家公司！ | 三枝匡 | 500 |
| QB1112 | 如何衡量萬事萬物：大數據時代，做好量化決策、分析的有效方法 | 道格拉斯・哈伯德 | 480 |
| QB1114 | 永不放棄：我如何打造麥當勞王國 | 雷・克洛克、羅伯特・安德森 | 350 |
| QB1115 | 工程、設計與人性：為什麼成功的設計，都是從失敗開始？ | 亨利・波卓斯基 | 400 |
| QB1117 | 改變世界的九大演算法：讓今日電腦無所不能的最強概念 | 約翰・麥考米克 | 360 |
| QB1120 | Peopleware：腦力密集產業的人才管理之道（增訂版） | 湯姆・狄馬克、提摩西・李斯特 | 420 |
| QB1121 | 創意，從無到有（中英對照×創意插圖） | 楊傑美 | 280 |
| QB1123 | 從自己做起，我就是力量：善用「當責」新哲學，重新定義你的生活態度 | 羅傑・康納斯、湯姆・史密斯 | 280 |
| QB1124 | 人工智慧的未來：揭露人類思維的奧祕 | 雷・庫茲威爾 | 500 |
| QB1125 | 超高齡社會的消費行為學：掌握中高齡族群心理，洞察銀髮市場新趨勢 | 村田裕之 | 360 |

# 經濟新潮社　　〈經營管理系列〉

| 書　號 | 書　　名 | 作　　者 | 定價 |
|---|---|---|---|
| QB1059C | 金字塔原理Ⅱ：培養思考、寫作能力之自主訓練寶典 | 芭芭拉・明托 | 450 |
| QB1061 | 定價思考術 | 拉斐・穆罕默德 | 320 |
| QB1062X | 發現問題的思考術 | 齋藤嘉則 | 450 |
| QB1063 | 溫伯格的軟體管理學：關照全局的管理作為（第3卷） | 傑拉爾德・溫伯格 | 650 |
| QB1069X | 領導者，該想什麼？：運用MOI（動機、組織、創新），成為真正解決問題的領導者 | 傑拉爾德・溫伯格 | 450 |
| QB1070X | 你想通了嗎？：解決問題之前，你該思考的6件事 | 唐納德・高斯、傑拉爾德・溫伯格 | 320 |
| QB1071X | 假說思考：培養邊做邊學的能力，讓你迅速解決問題 | 內田和成 | 360 |
| QB1075X | 學會圖解的第一本書：整理思緒、解決問題的20堂課 | 久恆啟一 | 360 |
| QB1076X | 策略思考：建立自我獨特的insight，讓你發現前所未見的策略模式 | 御立尚資 | 360 |
| QB1080 | 從負責到當責：我還能做些什麼，把事情做對、做好？ | 羅傑・康納斯、湯姆・史密斯 | 380 |
| QB1082X | 論點思考：找到問題的源頭，才能解決正確的問題 | 內田和成 | 360 |
| QB1083 | 給設計以靈魂：當現代設計遇見傳統工藝 | 喜多俊之 | 350 |
| QB1089 | 做生意，要快狠準：讓你秒殺成交的完美提案 | 馬克・喬那 | 280 |
| QB1091 | 溫伯格的軟體管理學：擁抱變革（第4卷） | 傑拉爾德・溫伯格 | 980 |
| QB1092 | 改造會議的技術 | 宇井克己 | 280 |
| QB1093 | 放膽做決策：一個經理人1000天的策略物語 | 三枝匡 | 350 |
| QB1094 | 開放式領導：分享、參與、互動——從辦公室到塗鴉牆，善用社群的新思維 | 李夏琳 | 380 |
| QB1095X | 華頓商學院的高效談判學（經典紀念版）：讓你成為最好的談判者！ | 理查・謝爾 | 430 |
| QB1098 | CURATION策展的時代：「串聯」的資訊革命已經開始！ | 佐佐木俊尚 | 330 |
| QB1100 | Facilitation引導學：創造場域、高效溝通、討論架構化、形成共識，21世紀最重要的專業能力！ | 堀公俊 | 350 |

| 書　號 | 書　　　　　名 | 作　　者 | 定價 |
|---|---|---|---|
| QB1008 | 殺手級品牌戰略：高科技公司如何克敵致勝 | 保羅‧泰柏勒、李國彰 | 280 |
| QB1015X | 六標準差設計：打造完美的產品與流程 | 舒伯‧喬賀瑞 | 360 |
| QB1016X | 我懂了！六標準差設計：產品和流程一次OK！ | 舒伯‧喬賀瑞 | 260 |
| QB1021X | 最後期限：專案管理101個成功法則 | 湯姆‧狄馬克 | 360 |
| QB1023 | 人月神話：軟體專案管理之道 | Frederick P. Brooks, Jr. | 480 |
| QB1024X | 精實革命：消除浪費、創造獲利的有效方法（十週年紀念版） | 詹姆斯‧沃馬克、丹尼爾‧瓊斯 | 550 |
| QB1026 | 與熊共舞：軟體專案的風險管理 | 湯姆‧狄馬克、提摩西‧李斯特 | 380 |
| QB1027X | 顧問成功的祕密（10週年智慧紀念版）：有效建議、促成改變的工作智慧 | 傑拉爾德‧溫伯格 | 400 |
| QB1028X | 豐田智慧：充分發揮人的力量（經典暢銷版） | 若松義人、近藤哲夫 | 340 |
| QB1041 | 要理財，先理債 | 霍華德‧德佛金 | 280 |
| QB1042 | 溫伯格的軟體管理學：系統化思考（第1卷） | 傑拉爾德‧溫伯格 | 650 |
| QB1044 | 邏輯思考的技術：寫作、簡報、解決問題的有效方法 | 照屋華子、岡田惠子 | 300 |
| QB1044C | 邏輯思考的技術：寫作、簡報、解決問題的有效方法（限量精裝珍藏版） | 照屋華子、岡田惠子 | 350 |
| QB1045 | 豐田成功學：從工作中培育一流人才！ | 若松義人 | 300 |
| QB1046 | 你想要什麼？：56個教練智慧，把握目標迎向成功 | 黃俊華、曹國軒 | 220 |
| QB1047X | 精實服務：將精實原則延伸到消費端，全面消除浪費，創造獲利 | 詹姆斯‧沃馬克、丹尼爾‧瓊斯 | 380 |
| QB1049 | 改變才有救！：培養成功態度的57個教練智慧 | 黃俊華、曹國軒 | 220 |
| QB1050 | 教練，幫助你成功！：幫助別人也提升自己的55個教練智慧 | 黃俊華、曹國軒 | 220 |
| QB1051X | 從需求到設計：如何設計出客戶想要的產品（十週年紀念版） | 唐納德‧高斯、傑拉爾德‧溫伯格 | 580 |
| QB1052C | 金字塔原理：思考、寫作、解決問題的邏輯方法 | 芭芭拉‧明托 | 480 |
| QB1053X | 圖解豐田生產方式 | 豐田生產方式研究會 | 300 |
| QB1055X | 感動力 | 平野秀典 | 250 |
| QB1058 | 溫伯格的軟體管理學：第一級評量（第2卷） | 傑拉爾德‧溫伯格 | 800 |

國家圖書館出版品預行編目（CIP）資料

領導者，該想什麼？：運用MOI（動機、組織、創新），成為真正解決問題的領導者／傑拉爾德‧溫伯格（Gerald M. Weinberg）著；李田樹, 褚耐安譯. ─ ─ 三版. ─ ─ 臺北市：經濟新潮社出版：家庭傳媒城邦分公司發行, 2020.08

面； 公分. ─ ─（經營管理；69）

譯自：Becoming a technical leader: an organic problem-solving approach

ISBN 978-986-99162-2-6（平裝）

1.企業領導　2.領導者　3.組織管理

494.2　　　　　　　　　　　　　109011279